ARARIBÁ PLUS Geografia

CADERNO DE ATIVIDADES 7

Organizadora: Editora Moderna
Obra coletiva concebida, desenvolvida e produzida pela Editora Moderna.

Editor Executivo:
Cesar Brumini Dellore

5ª edição

MODERNA

© Editora Moderna, 2018

MODERNA

Elaboração de originais:

Dafne Lavinas Soutto
Licenciada em Geografia pela Universidade de São Paulo.
Professora da rede pública de ensino de São Paulo.

Coordenação editorial: Cesar Brumini Dellore
Edição de texto: André dos Santos Araújo, Andrea de Marco Leite de Barros, Silvia Ricardo
Gerência de *design* e produção gráfica: Sandra Botelho de Carvalho Homma
Coordenação de produção: Everson de Paula, Patricia Costa
Suporte administrativo editorial: Maria de Lourdes Rodrigues
Coordenação de *design* e projetos visuais: Marta Cerqueira Leite
Projeto gráfico e capa: Daniel Messias, Otávio dos Santos
Pesquisa iconográfica para capa: Daniel Messias, Otávio dos Santos, Bruno Tonel
    Fotos: Jag_cz/Shutterstock, Alceu Batistão/Getty Images
Coordenação de arte: Carolina de Oliveira Fagundes
Edição de arte: Ricardo Mittelstaedt
Editoração eletrônica: Casa de Ideias
Coordenação de revisão: Elaine C. del Nero
Revisão: Fernanda Guerriero, Renata Palermo, Renato da Rocha
Coordenação de pesquisa iconográfica: Luciano Baneza Gabarron
Pesquisa iconográfica: Camila Soufer
Coordenação de *bureau*: Rubens M. Rodrigues
Tratamento de imagens: Fernando Bertolo, Joel Aparecido, Luiz Carlos Costa, Marina M. Buzzinaro
Pré-impressão: Alexandre Petreca, Everton L. de Oliveira, Marcio H. Kamoto, Vitória Sousa
Coordenação de produção industrial: Wendell Monteiro
Impressão e acabamento: Ricargraf
Lote: 277931

Dados Internacionais de Catalogação na Publicação (CIP)
(Câmara Brasileira do Livro, SP, Brasil)

Araribá plus : geografia : caderno de atividades / organizadora Editora Moderna ; obra coletiva concebida, desenvolvida e produzida pela Editora Moderna ; editor executivo Cesar Brumini Dellore. – 5. ed. – São Paulo : Moderna, 2018.

Obra em 4 v. para alunos do 6º ao 9º ano.
Bibliografia.

1. Geografia (Ensino fundamental) I. Dellore, Cesar Brumini.

18-17144   CDD-372.891

Índices para catálogo sistemático:
1. Geografia : Ensino fundamental 372.891
Maria Alice Ferreira - Bibliotecária - CRB-8/7964

ISBN 978-85-16-11216-5 (LA)
ISBN 978-85-16-11217-2 (LP)

Reprodução proibida. Art. 184 do Código Penal e Lei 9.610 de 19 de fevereiro de 1998.
Todos os direitos reservados
EDITORA MODERNA LTDA.
Rua Padre Adelino, 758 – Belenzinho
São Paulo – SP – Brasil – CEP 03303-904
Vendas e Atendimento: Tel. (0_ _11) 2602-5510
Fax (0_ _11) 2790-1501
www.moderna.com.br
2019
Impresso no Brasil

1 3 5 7 9 10 8 6 4 2

Imagem de capa

Amanhecer na cidade de São Paulo (SP) com *drone* em primeiro plano: coleta de dados com uso de novas tecnologias na gestão urbana.

SUMÁRIO

UNIDADE 1 Brasil: território e regionalização 4

UNIDADE 2 Brasil: população 14

UNIDADE 3 Brasil: integração do território 23

UNIDADE 4 Região Norte 35

UNIDADE 5 Região Nordeste 44

UNIDADE 6 Região Sudeste 55

UNIDADE 7 Região Sul 63

UNIDADE 8 Região Centro-Oeste 72

UNIDADE 1 BRASIL: TERRITÓRIO E REGIONALIZAÇÃO

RECAPITULANDO

- O Brasil é um país extenso, com a maior parte do território na Zona Tropical, adotante de 4 fusos horários práticos.
- O relevo brasileiro é formado por estruturas rochosas antigas, que têm sido desgatadas por processos erosivos ao longo de milhões de anos. Por isso, as baixas altitudes predominam no país.
- O Brasil tem a maior rede fluvial do mundo, dividida em 12 regiões hidrográficas.
- Ocorrem no país os climas equatorial, tropical, tropical semiárido, tropical litorâneo, tropical de altitude e subtropical. Essa diversidade climática possibilita a ocorrência de diferentes formações vegetais no território nacional.
- Existem quatro tipos principais de vegetação no Brasil: florestas, cerrado, caatinga e campos.
- Extensas áreas de vegetação nativa já foram destruídas no Brasil.
- Práticas direcionadas ao desenvolvimento sustentável podem assegurar a preservação dos patrimônios naturais do país.
- O Brasil é um país megadiverso, ou seja, abriga grande biodiversidade em seu território.
- Políticas e legislações ambientais brasileiras, como o Novo Código Florestal, buscam assegurar a conservação dos recursos naturais a longo prazo.
- As Unidades de Conservação são agrupadas em Unidades de Proteção Integral, cujo objetivo é manter a área e os recursos naturais praticamente intactos, e as Unidades de Uso Sustentável, em que a conservação é associada ao uso sustentável dos recursos.
- O início da formação do território brasileiro está associado ao desenvolvimento do capitalismo na Europa.
- O atual território brasileiro era ocupado por inúmeros povos indígenas antes da chegada dos europeus.
- A ocupação pelos portugueses ocorreu por meio de diferentes expedições, como as dos bandeirantes e as dos jesuítas.
- Limitado a oeste pelo Meridiano de Tordesilhas, o território foi dividido em capitanias hereditárias pela Coroa Portuguesa em 1534.
- Entre os séculos XVI e XIX, o desenvolvimento de diferentes atividades econômicas foi um fator de expansão da ocupação de áreas mais distantes da costa.
- Região é uma porção do espaço com características naturais, sociais, econômicas e históricas em comum.
- A regionalização de um território facilita sua administração.
- Entre as regionalizações do território brasileiro destacam-se: a oficial, criada pelo Instituto Brasileiro de Geografia e Estatística, em cinco Grandes Regiões, e a do geógrafo Pedro Pinchas Geiger, em Regiões Geoeconômicas.

4

1. Assinale a afirmativa incorreta sobre a localização do Brasil.

a) O Brasil está localizado no continente americano.

b) Quase todo o território brasileiro encontra-se no Hemisfério Sul.

c) A maior parte do Brasil está ao norte da Linha do Equador.

d) O Brasil encontra-se totalmente no Hemisfério Ocidental, ou seja, a oeste do Meridiano de Greenwich.

• Reescreva a frase assinalada, corrigindo o erro.

_____

_____

2. Observe o mapa e responda às perguntas.

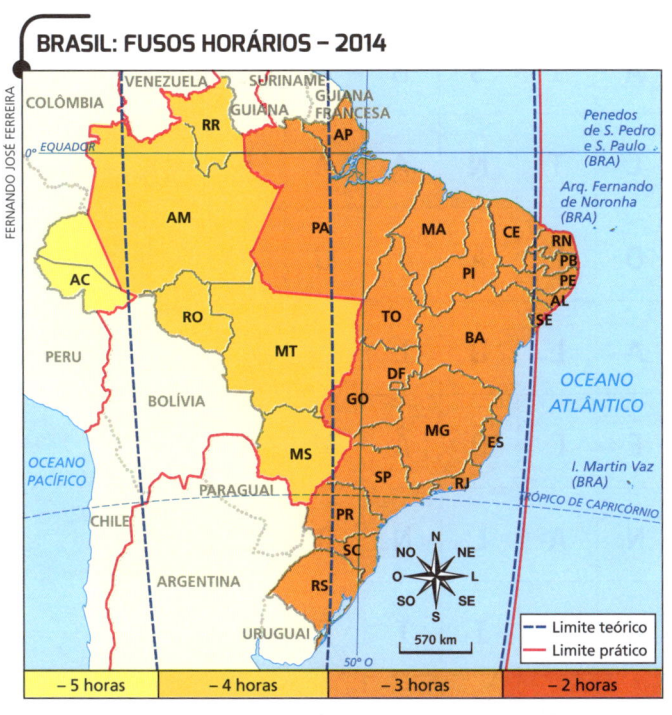

BRASIL: FUSOS HORÁRIOS – 2014

Fonte: IBGE 7 a 12. Disponível em: <http://7a12.ibge.gov.br/images/7a12/mapas/Brasil/brasil_fusos_horarios.pdf>. Acesso em: 13 mar. 2018.

a) O município de Carneirinho, em Minas Gerais, e o município de Paranaíba, em Mato Grosso do Sul, são vizinhos, porém, enquanto em um município são nove horas da manhã, no outro, são dez da manhã. O que explica essa diferença de horários?

_____

_____

_____

_____

b) Considere que no Arquipélago de Fernando de Noronha são 15 horas. Que horas são no Acre, de acordo com os limites práticos dos fusos horários brasileiros?

_____

_____

3. Complete as lacunas do texto a seguir com os termos abaixo.

> Zona Temperada do Sul   florestas tropicais   Zona Tropical   temperaturas mais amenas

Devido à sua posição em relação aos trópicos, a maior parte do território brasileiro encontra-se na _____, que apresenta características climáticas que favorecem a ocorrência de _____. Outra parcela do território brasileiro encontra-se na _____, cujas características climáticas favorecem a ocorrência de vegetações adaptadas a _____.

4. No diagrama abaixo, encontre sete palavras relacionadas aos tipos de vegetação do Brasil.

A	F	V	O	P	I	N	H	A	I	S	B	O	I
U	M	O	P	R	E	R	A	C	T	N	A	A	L
C	H	A	N	G	I	F	F	O	P	A	T	U	V
A	C	O	Z	I	N	A	B	A	L	U	L	T	A
U	C	R	V	Ô	L	A	B	E	C	O	Â	M	A
S	E	T	P	A	N	T	A	N	A	L	N	O	C
G	R	A	T	I	Ç	I	M	B	A	I	T	L	A
I	R	U	B	O	L	U	C	O	T	R	I	U	M
C	A	B	O	T	A	N	O	A	V	E	C	O	P
A	D	S	R	D	O	T	I	R	V	R	A	R	O
T	O	D	I	L	U	C	T	U	I	A	T	H	S
B	R	E	C	A	A	T	I	N	G	A	E	R	D
F	E	L	E	N	A	M	A	R	R	E	A	N	O
I	L	I	T	O	R	Â	N	E	A	D	U	A	S

5. Complete a frase abaixo com o termo ao qual a definição se refere.

_____ são conjuntos de bens naturais e culturais herdados por uma sociedade. Relacionam-se com a identidade de uma sociedade e, por isso, devem ser preservados e transmitidos de geração a geração.

6. Ligue o termo central às ações que visam assegurar o desenvolvimento sustentável.

- Extrair recursos minerais sem esgotar as reservas.
- Combater o equilíbrio ecológico.
- Garantir a produção industrial.
- Fortalecer e respeitar as legislações ambientais.
- **Desenvolvimento sustentável**
- Aumentar a produção de mercadorias.
- Incentivar modelos de agricultura e de extrativismo sustentáveis.
- Evitar a contaminação das águas.
- Incentivar o consumismo.

7. Escreva um texto explicando o que é desenvolvimento sustentável e de que forma ele está relacionado à conservação da natureza. Utilize algumas ações selecionadas na atividade anterior para fundamentar sua explicação.

_____
_____
_____
_____
_____

8. Escolha no quadro abaixo as palavras e os termos que completam corretamente o texto a seguir.

| Tropical | biodiversidade | Temperada | ameno e chuvoso | atividades ilegais |
| biopirataria | quente e úmido | recursos minerais | recursos biológicos | desenvolvimento |

Existem 17 países no mundo com grande _____ e o Brasil está em primeiro lugar.

Muitos países com grande biodiversidade localizam-se na Zona _____, em áreas de clima _____.

A _____ é uma ameaça à biodiversidade ao apropriar-se indevidamente de _____ ou de conhecimentos tradicionais sobre a natureza. A exploração de plantas medicinais sem autorização e o tráfico de animais silvestres são exemplos de atividades ilegais.

9. Descubra os nomes das Unidades de Proteção Integral e das Unidades de Uso Sustentável definidas abaixo para resolver a cruzadinha.

1. Área de preservação particular ou pública para a existência e a reprodução de espécies, com atividades de visitação.
2. Área de preservação e de beleza cênica, com realização de pesquisas científicas, atividades recreativas e educativas.
3. Área florestal que abriga vegetação e população tradicional nativas.
4. Área de preservação e recuperação dos ecossistemas alterados, permitindo apenas visitas com objetivo educacional.
5. Área de preservação, com realização de pesquisas científicas e visitação com objetivo educacional.
6. Área com presença de população extrativista tradicional que permite visitação pública e realização de pesquisa científica.
7. Área natural que abriga animais nativos.
8. Área de preservação de lugares raros e de grande beleza cênica (que pode ser propriedade particular), com atividades de visitação.

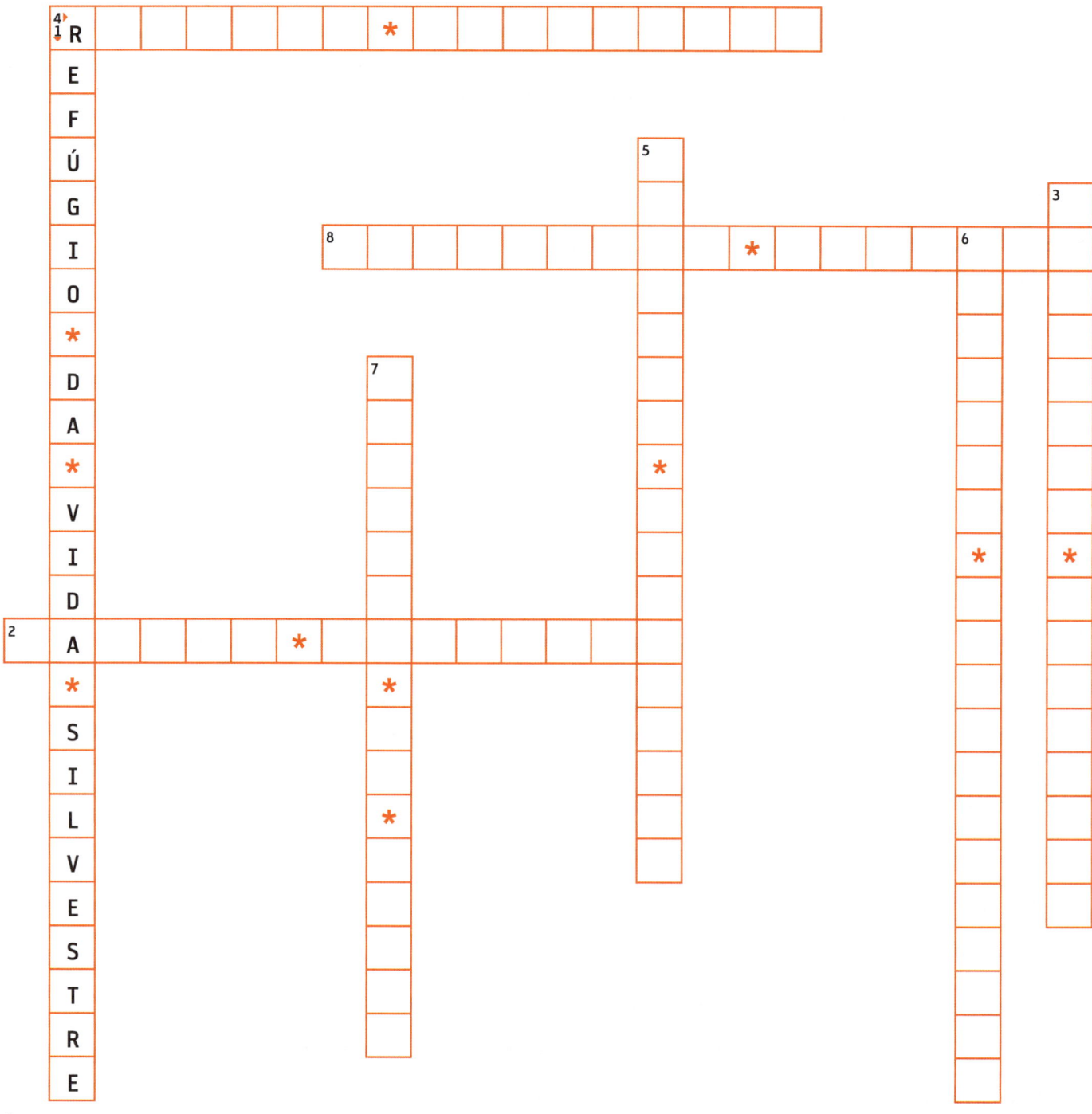

10. Observe o mapa e responda às perguntas.

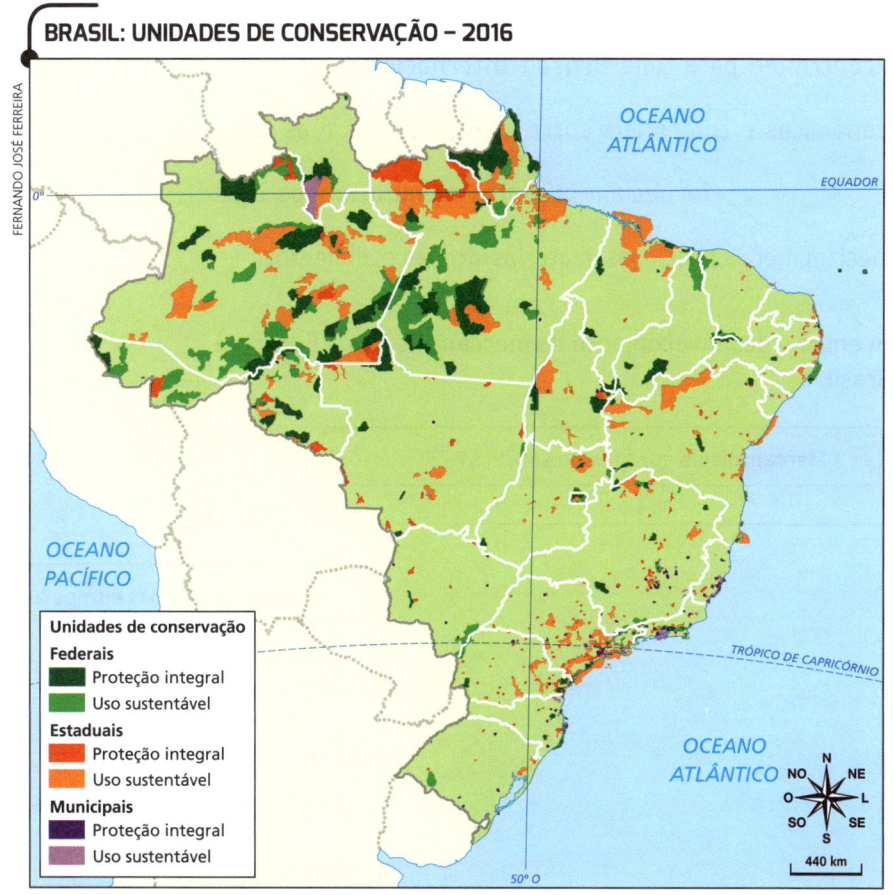

BRASIL: UNIDADES DE CONSERVAÇÃO – 2016

No mapa estão representadas apenas as Unidades de Conservação com área maior que 3.000 hectares.

Fonte: MMA. Disponível em: <https://mmagovbr-my.sharepoint.com/personal/22240033827_mma_gov_br/Documents/CNUC/Site/A0_CNUC_PT-BR.pdf?slrid=ca70539e-704c-5000-cf6c-89a534af5cd1>. Acesso em: 14 mar. 2018.

a) As Unidades de Conservação podem ser divididas em Unidades de Proteção Integral e Unidades de Uso Sustentável. Qual é a principal diferença entre esses dois grupos?

_____

_____

_____

_____

b) Descreva resumidamente a distribuição das Unidades de Conservação no território brasileiro.

_____

_____

_____

_____

_____

_____

11. Complete a frase que explica a divisão internacional do trabalho criada durante o período mercantilista.

O _____ contribuiu para uma Divisão Internacional do Trabalho porque estabelecia relações econômicas e comerciais entre as metrópoles e as colônias, nas quais as _____ forneciam produtos manufaturados e as _____ forneciam metais preciosos, matérias-primas e alimentos.

12. Complete o esquema sobre a relação entre o desenvolvimento do mercantilismo na Europa e o início da formação territorial do Brasil.

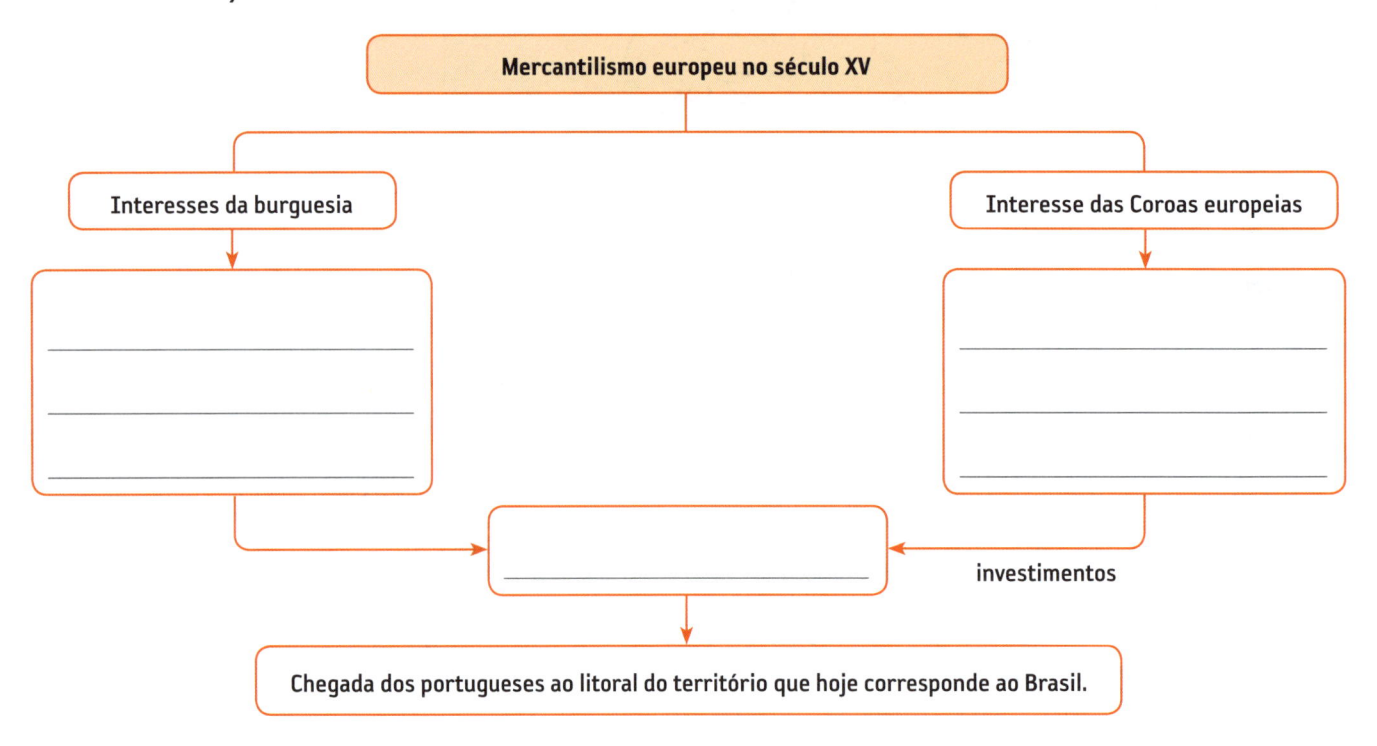

```
                    Mercantilismo europeu no século XV
                    /                               \
        Interesses da burguesia              Interesse das Coroas europeias
                ↓                                       ↓
        [_____]                    [_____]
        [_____]                    [_____]
        [_____]                    [_____]
                    \                               /
                     \         [_____]        / investimentos
                      \            ↓              /
                       
        Chegada dos portugueses ao litoral do território que hoje corresponde ao Brasil.
```

13. Preencha o esquema a seguir sobre os marcos do início da formação territorial brasileira.

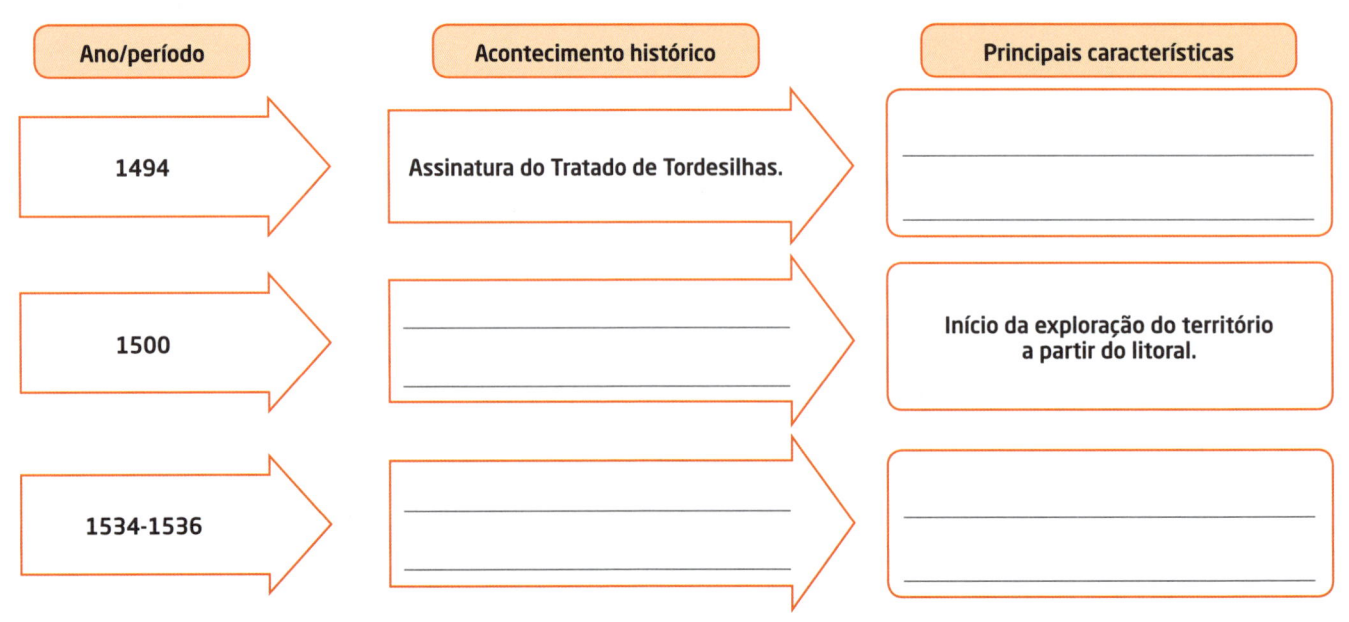

Ano/período	Acontecimento histórico	Principais características
1494	Assinatura do Tratado de Tordesilhas.	_____
1500	_____	Início da exploração do território a partir do litoral.
1534-1536	_____	_____

14. Sobre os jesuítas e os bandeirantes, assinale a afirmativa correta.

a) Especificamente no território brasileiro, não tiveram grande participação na interiorização do povoamento.

b) Contribuíram para a interiorização do povoamento: jesuítas, por fundar vilas e ocupar novas terras ao buscarem catequizar os povos indígenas; bandeirantes, por adentrar o território em busca de metais preciosos e indígenas para escravizar.

c) Os jesuítas tiveram importante participação no processo de interiorização do povoamento à medida que adentravam matas e rios em busca de metais preciosos e indígenas para escravizar.

d) Os bandeirantes são reconhecidos pela maneira pacífica através da qual abordavam os povos indígenas, respeitando e valorizando os saberes dessas comunidades.

15. Relacione a atividade econômica apresentada à sua importância no processo de ocupação do território brasileiro.

Exploração das drogas do sertão	Ocasionou o início da ocupação das áreas litorâneas das atuais regiões Nordeste e Sudeste durante o século XVI.
Exploração do pau-brasil	Motivou a ocupação de áreas do interior das atuais regiões Sudeste, Centro-Oeste e Nordeste a partir do século XVII.
Exploração de ouro e diamantes	Possibilitou a ocupação da Amazônia entre os séculos XVI e XIX.

16. Para os estudos geográficos, o que é região?

_____
_____

17. Complete o esquema.

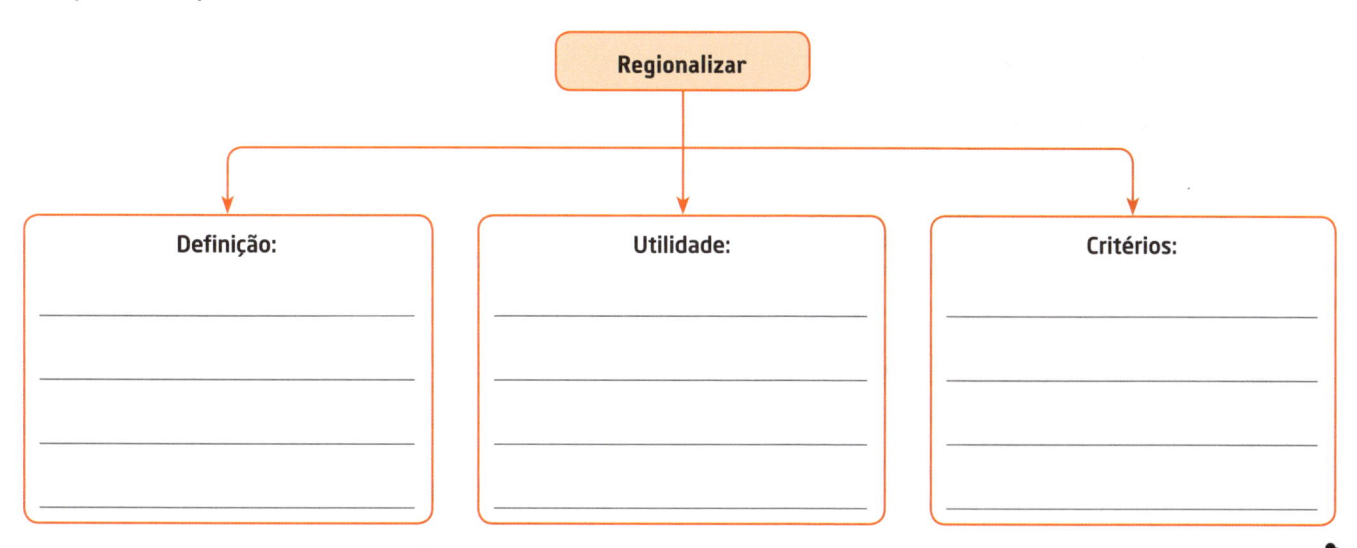

Regionalizar

- Definição: _____
- Utilidade: _____
- Critérios: _____

18. Relacione os acontecimentos aos mapas apresentados.

BRASIL: REGIONALIZAÇÃO – 1940

( ) Em 1977, Mato Grosso foi desmembrado, dando origem a dois estados: Mato Grosso e Mato Grosso do Sul. Em 1982, Rondônia tornou-se um estado e, em 1988, foi a vez de Roraima e Amapá. Nesse mesmo ano, Goiás desmembrou-se em dois, dando origem ao Tocantins.

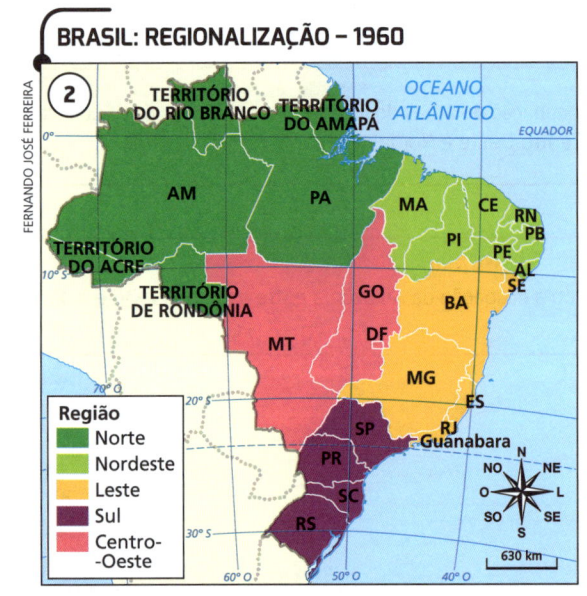

BRASIL: REGIONALIZAÇÃO – 1960

( ) O IBGE iniciou os estudos de divisão regional do território brasileiro, considerando aspectos socioeconômicos, históricos e naturais, e criou sua primeira regionalização.

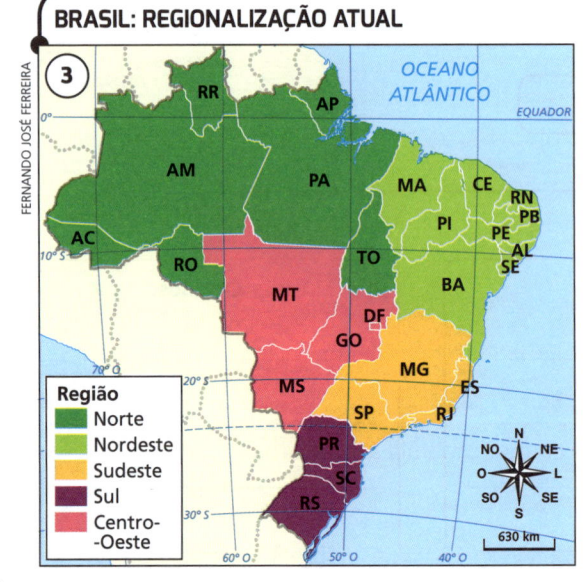

BRASIL: REGIONALIZAÇÃO ATUAL

( ) O estado de Minas Gerais passou a integrar a mesma região que Bahia, Rio de Janeiro e Espírito Santo. Maranhão e Piauí foram incorporados à Região Nordeste.

Fonte dos mapas: IBGE. Atlas geográfico escolar. 7. ed. Rio de Janeiro: IBGE, 2016.

19. Complete e pinte adequadamente a legenda do mapa abaixo.

BRASIL: REGIÕES GEOECONÔMICAS

Fonte: IBGE. *Atlas geográfico escolar*. 7. ed. Rio de Janeiro: IBGE, 2016. p. 152.

20. Complete o quadro com diferenças importantes entre a divisão do Brasil em Grandes Regiões e a divisão em Regiões Geoeconômicas.

	Grandes Regiões (IBGE)	Regiões Geoeconômicas (Pedro Pinchas Geiger)
Critérios		
Número de regiões		
Nome das regiões		
Considera limites dos estados?		

21. Associe cada Região Geoeconômica às suas principais características.

- Amazônia
- Nordeste
- Centro-Sul

- Pouco povoada.
- Taxa de emigração elevada.
- Parque industrial diversificado.
- Concentra maior população.
- Ocupação tardia.
- Forte relação com a economia açucareira.
- Oferta de serviços urbanos mais diversificada.
- Forte presença de atividades extrativistas.

UNIDADE 2 BRASIL: POPULAÇÃO

RECAPITULANDO

- A população brasileira se distribui irregularmente pelo território; a densidade demográfica é maior principalmente em áreas próximas do litoral.

- A partir de 1960, a população brasileira passou a crescer em ritmo mais lento do que no período anterior, pois a taxa de natalidade tem caído mais do que a taxa de mortalidade.

- A análise da esperança de vida e da constituição das pirâmides etárias brasileiras demonstra que o número de crianças e jovens no país está diminuindo e o número de idosos têm aumentado.

- Indicadores sociais são dados estatísticos que revelam algumas características da qualidade de vida da população, como acesso a serviços de saneamento básico, educação e saúde. Alguns indicadores socioeconômicos são: PIB *per capita*, taxa de analfabetismo, expectativa de vida e Índice de Desenvolvimento Humano (IDH).

- No Brasil há grande desigualdade no acesso à educação entre pessoas brancas, pretas e pardas e entre as regiões do país.

- A longevidade (expectativa de vida) da população brasileira aumentou nas últimas décadas, mas ainda há grandes diferenças entre a expectativa de vida da população de cada região.

- O Índice de Desenvolvimento Humano (IDH) da população brasileira cresceu de 0,611 em 1990 para 0,754 em 2015, aumento bastante expressivo.

- A população brasileira é diversa étnica e culturalmente, fruto da miscigenação entre indígenas, africanos e diferentes povos imigrantes. Por razões históricas, a composição da população por cor ou raça é diferente em cada unidade da federação.

- Migração interna é a que ocorre dentro de um mesmo país e pode ser inter-regional ou intra-regional. Migração externa é a mudança do local de residência entre países.

- Parte da população brasileira é composta pelas chamadas comunidades tradicionais: grupos que possuem uma cultura própria e que necessitam de territórios e recursos naturais específicos para sua sobrevivência e atividades diárias. Algumas das comunidades tradicionais brasileiras são as formadas por povos indígenas, quilombolas, caiçaras e ribeirinhos.

---

1. Assinale a alternativa correta sobre a população brasileira.

a) O Brasil é pouco povoado e as maiores concentrações populacionais se dão nas áreas mais interiores.

b) Pouco populoso, o Brasil concentra áreas de maior densidade demográfica no litoral.

c) Apesar de bastante numerosa, a população brasileira encontra-se uniformemente espalhada pelo território nacional, sem grandes concentrações populacionais.

d) O Brasil é um dos países mais populosos do mundo e concentra as maiores densidades demográficas em áreas próximas ao litoral.

2. Considere os dados abaixo e faça o que se pede.

Unidade da federação	População absoluta em 2017	Área
Piauí	3.219.257 habitantes	251.612 km²
Minas Gerais	21.119.536 habitantes	586.520 km²
Rio Grande do Sul	11.322.895 habitantes	281.731 km²

Fonte: IBGE Cidades. Disponível em: <https://cidades.ibge.gov.br/>. Acesso em: 18 jul. 2018.

a) Calcule a densidade demográfica de cada unidade da federação da tabela. Lembre-se de que:

$$\text{Densidade demográfica} = \frac{\text{População}}{\text{Área}}$$

Piauí	Minas Gerais	Rio Grande do Sul

b) Qual das unidades da federação da tabela é mais populosa? E qual é a mais povoada?

_____

_____

3. Resolva o item *a* e, depois, responda às perguntas.

a) Crescimento vegetativo = _____ – _____

b) O que é a taxa de natalidade?

_____

_____

c) O que é a taxa de mortalidade?

_____

_____

4. Os dados da tabela abaixo apresentam as taxas anuais de mortalidade infantil no Brasil entre 2010 e 2016. Considerando esses dados, faça o que se pede.

Ano	Taxa de mortalidade infantil (óbitos por mil nascidos vivos)
2010	17,2
2011	16,4
2012	15,7
2013	15,0
2014	14,4
2015	13,8
2016	13,3

Fonte: IBGE Cidades. Disponível em: <https://cidades.ibge.gov.br/>. Acesso em: 18 jul. 2018.

a) Insira no gráfico abaixo os dados apresentados na tabela. Depois, trace uma linha entre os pontos marcados, compondo, assim, uma linha de tendência da taxa de mortalidade infantil no Brasil entre 2010 e 2016.

BRASIL: TAXA DE MORTALIDADE INFANTIL – 2010-2016

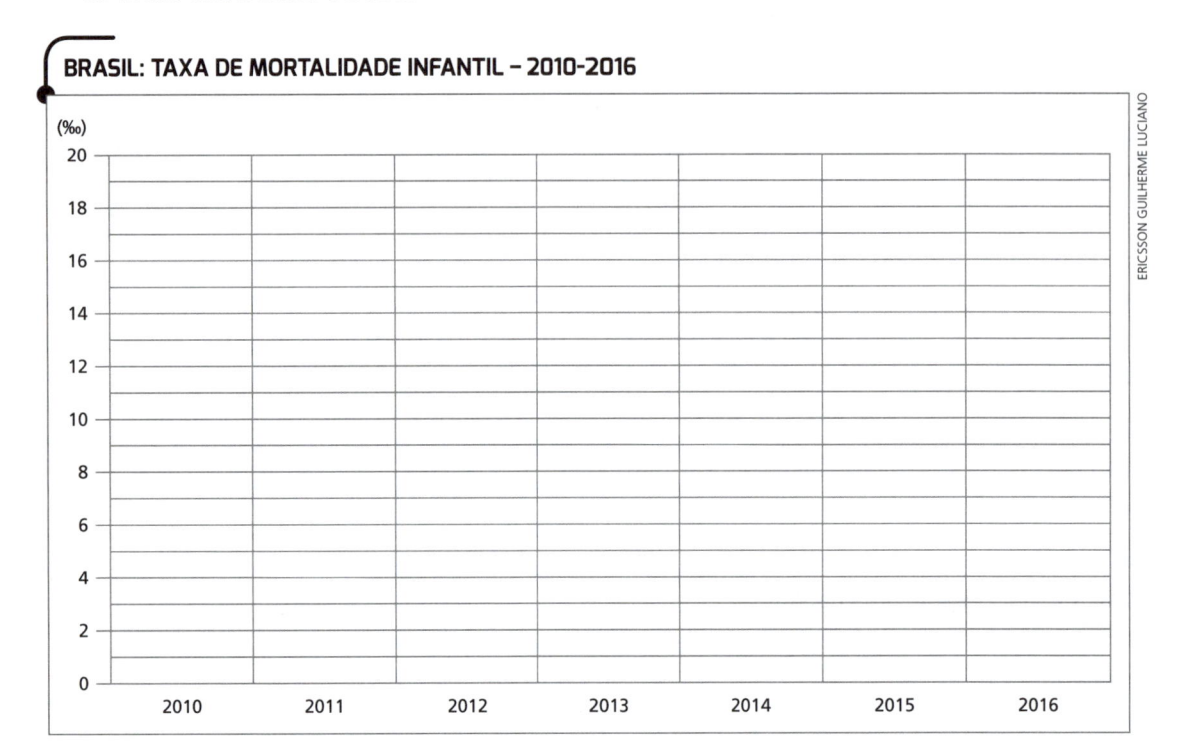

b) A taxa de mortalidade infantil brasileira apresentou redução ou crescimento entre os anos de 2010 e 2016?

c) O que pode ter ocasionado esse fenômeno no intervalo de tempo analisado?

5. Complete as lacunas da frase para explicar o que é uma pirâmide etária.

A pirâmide etária é um _____ que representa as quantidades de população masculina e feminina por _____, trazendo dados importantes para o planejamento de _____.

6. Leia a manchete da notícia e marque a alternativa correta.

Pesquisa revela que Brasil ainda tem 12 milhões de analfabetos

O levantamento aponta ainda que mais da metade dos brasileiros não tem ensino médio completo e quase 70% dos jovens com mais de 18 anos não estudam.

Repórter Nacional. EBC, 12 dez. 2017. Disponível em: <http://radios.ebc.com.br/reporter-nacional/2017/12/pesquisa-revela-que-brasil-ainda-tem-12-milhoes-de-analfabetos>. Acesso em: 3 jul. 2018.

a) Os índices mostram que a maior parte dos brasileiros tem acesso à escola, inclusive à universidade.

b) Há poucos analfabetos no Brasil, e praticamente todos os jovens concluem o ensino médio.

c) O analfabetismo no Brasil ainda é alto, e grande parte dos jovens está fora da escola.

d) Os dados mostram uma crescente população universitária.

7. Leia o texto, observe a fotografia e responda às questões.

De acordo com o IBGE, em 2015, o município do Rio de Janeiro apresentou um PIB *per capita* de aproximadamente 50.000 reais, valor consideravelmente alto em comparação com a média nacional para o mesmo período, de 29.323 reais.

Foto aérea da favela da Rocinha, uma das maiores do Brasil, em primeiro plano, e de um bairro de classe alta na cidade do Rio de Janeiro (RJ, 2017).

a) O que é o PIB *per capita*? Como ele é calculado?

b) A fotografia retrata uma paisagem da cidade do Rio de Janeiro na qual se identifica uma característica socioeconômica que não é traduzida pelo valor do PIB *per capita* do município. Que característica é essa?

8. Complete o quadro com os aspectos considerados para se calcular o Índice de Desenvolvimento Humano (IDH) de um município, estado ou país.

O cálculo do IDH considera:

a) _____ b) _____ c) _____

9. Complete as lacunas do texto sobre questões socioeconômicas brasileiras.

| elevado | desigualdades | aumentando | 75,8 | educação |

O Brasil apresenta grandes _____ sociais e econômicas. Nem todos têm acesso à _____. A expectativa de vida no Brasil é de _____ anos (2016). Ela vem _____ nos últimos anos. O IDH do Brasil é considerado _____ (0,754).

10. Circule, entre os termos abaixo, aqueles que apresentam práticas que visam à melhoria da qualidade de vida de uma população.

Investimentos em acesso a tecnologias	Acesso a serviços de saúde
Acesso à educação	Ausência de saneamento básico
Concentração de renda	Investimento em infraestruturas

- Quais termos você não circulou? Por quê?

_____
_____
_____
_____
_____
_____
_____

11. Complete o texto com informações sobre as populações indígenas no Brasil.

Cerca de 58% dos indivíduos que se declararam indígenas no ano de 2010 viviam em _____. Estas são áreas reconhecidas pelo _____ como de ocupação legítima desses grupos. As terras indígenas do Brasil contribuem para a preservação da _____, como os idiomas e os _____ desses povos. Parcela significativa dos indígenas que não vivem nessas terras habita principalmente _____.

12. Leia o texto abaixo e responda às questões.

Embora nosso país seja multicultural e com uma feliz diversidade, ainda há um forte preconceito. Infelizmente, a discriminação é diária. [...] No racismo, há uma pretensão de dividir os humanos em "raças", com algumas se considerando superiores e afirmando que outras seriam inferiores. [...]

TALON, Evinis. *Você sabe a diferença entre injúria racial e racismo?* Disponível em: <http://evinistalon.com/diferenca-entre-injuria-racial-e-racismo/>. Acesso em: 29 ago. 2018.

a) Por que o autor afirma que o Brasil é um país "multicultural e com uma feliz diversidade"?

_____
_____
_____
_____

b) Ao mencionar o preconceito e o racismo, o autor pode estar se referindo principalmente a qual grupo populacional?

_____
_____
_____
_____

c) Por que o autor escreve: "ainda há um forte preconceito. Infelizmente, a discriminação é diária"? Justifique sua resposta.

_____
_____
_____
_____

13. Complete o esquema com definições sobre cada tipo de movimento populacional.

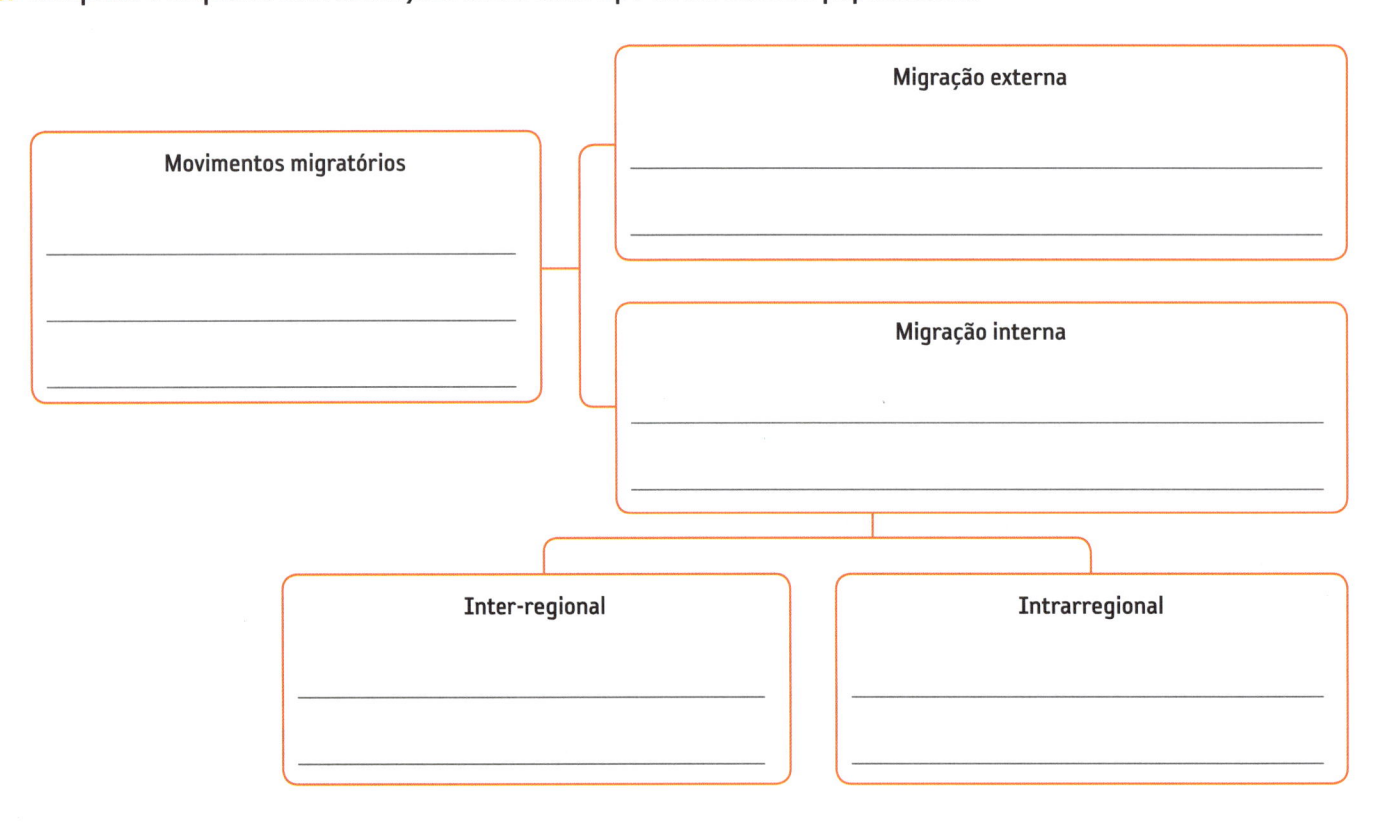

- Movimentos migratórios
  - Migração externa
    _____
    _____
  - Migração interna
    _____
    _____
    - Inter-regional
      _____
      _____
    - Intrarregional
      _____
      _____

14. Observe o gráfico abaixo e responda às questões.

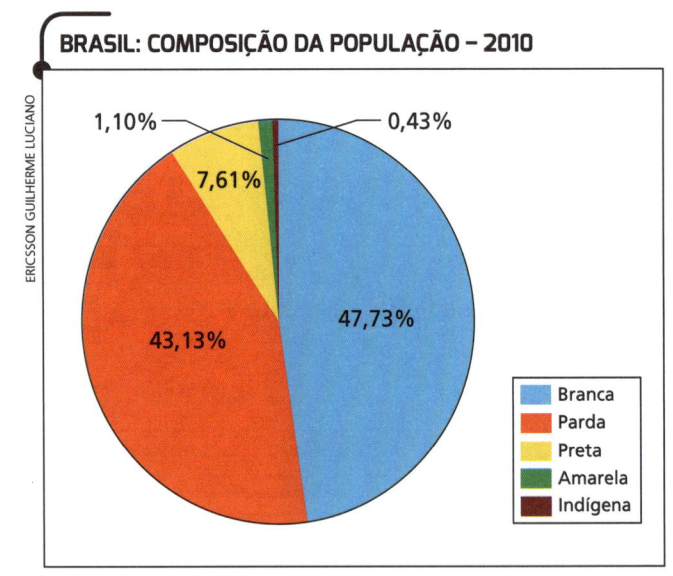

BRASIL: COMPOSIÇÃO DA POPULAÇÃO – 2010

- Branca: 47,73%
- Parda: 43,13%
- Preta: 7,61%
- Amarela: 1,10%
- Indígena: 0,43%

Fonte: IBGE. Censo 2010. Disponível em: <https://sidra.ibge.gov.br/tabela/3175>. Acesso em: 18 jul. 2018.

a) Qual foi a porcentagem de brasileiros que se consideraram pretos ou pardos em 2010? O que explica essa porcentagem?

_____
_____
_____
_____
_____
_____
_____

b) Qual foi a porcentagem de brasileiros que se autodeclararam indígenas? O que explica o baixo número de indígenas na população brasileira atual?

_____
_____
_____

20

c) Por que a porcentagem de pardos na população brasileira é elevada?

15. O que são comunidades quilombolas?

16. Observe o mapa a seguir e responda às questões.

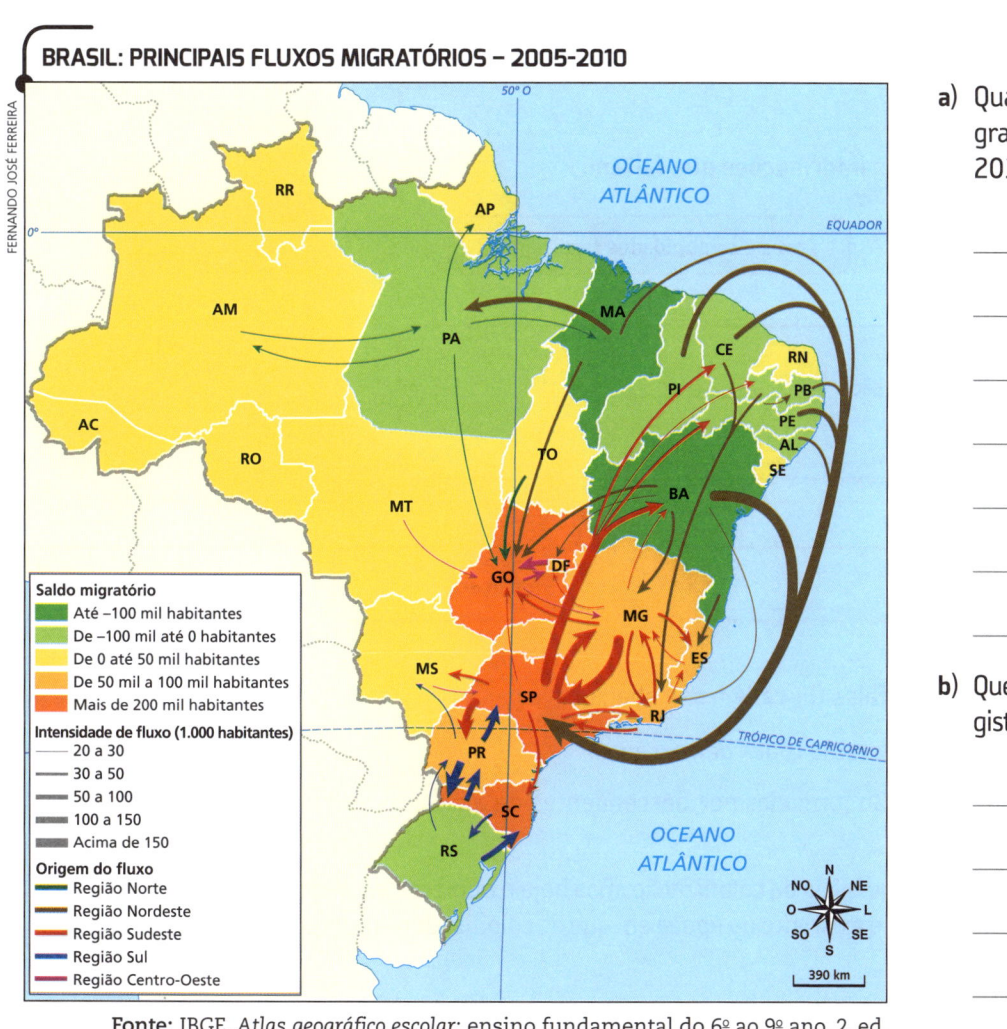

BRASIL: PRINCIPAIS FLUXOS MIGRATÓRIOS – 2005-2010

Fonte: IBGE. *Atlas geográfico escolar*: ensino fundamental do 6º ao 9º ano. 2. ed. Rio de Janeiro: IBGE, 2015. p. 28.

a) Quais foram os principais fluxos migratórios registrados entre 2005 e 2010 no Brasil?

b) Que unidades da federação têm registrado maiores saldos migratórios?

17. Observe a foto e responda à questão.

Aldeia Aiha da etnia Kalapalo, em Querência (MT, 2018).

- Com base na paisagem e na atividade retratadas na foto, responda: qual é a importância do território para essa comunidade indígena?

_____

_____

18. Complete o esquema a seguir com as informações que faltam.

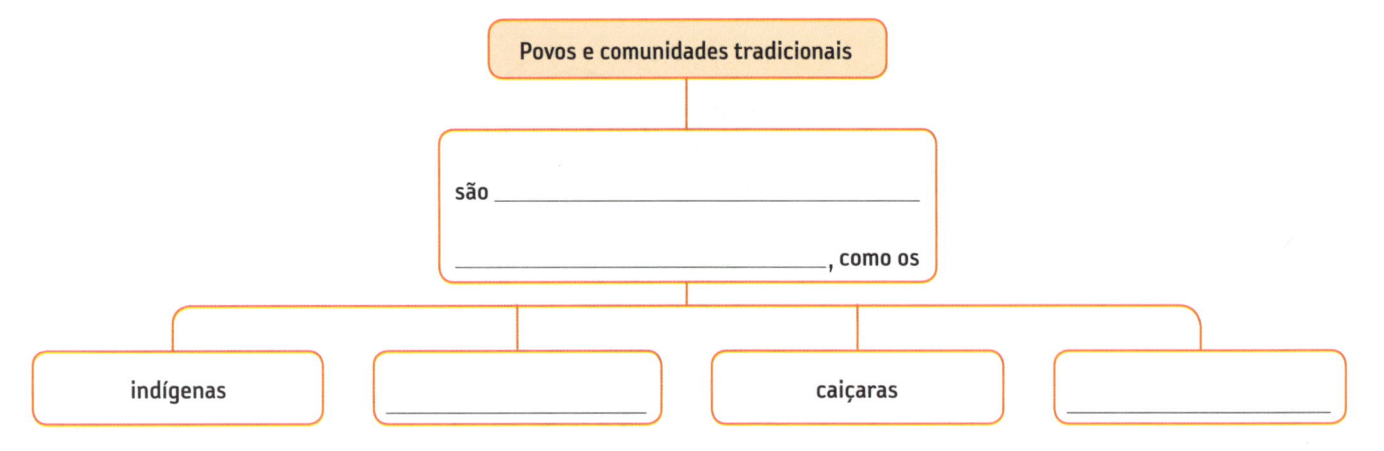

```
Povos e comunidades tradicionais
         |
são _____
_____, como os
    |            |            |            |
indígenas   _____      caiçaras    _____
```

19. Identifique como verdadeira (V) ou falsa (F) cada frase abaixo.

( ) No Brasil, as terras indígenas já estão todas demarcadas.

( ) As comunidades quilombolas são formadas por descendentes de africanos escravizados trazidos à força para o Brasil.

( ) Os indígenas foram dizimados no início da colonização, mas hoje o número de indígenas no nosso país é bem próximo àquele existente na época em que os colonizadores portugueses chegaram.

( ) Há muitos interesses que geram conflitos em relação às terras indígenas e de outras comunidades tradicionais.

UNIDADE 3 BRASIL: INTEGRAÇÃO DO TERRITÓRIO

RECAPITULANDO

- O Brasil é um país de urbanização relativamente recente, já que esse processo se intensificou a partir de 1970.
- A influência econômica, política e cultural de uma cidade sobre outra forma as redes urbanas, que se articulam por estruturas viárias e de comunicação.
- Considerando a atração de pessoas e a influência que as cidades exercem sobre determinada área, o IBGE estabeleceu uma hierarquia na classificação da rede urbana.
- O aumento do número de habitantes de uma cidade favorece a expansão da mancha urbana. Quando essa expansão ocorre em municípios vizinhos, pode ocorrer a conurbação: união física de áreas urbanas de mais de um município, que pode levar à formação de regiões metropolitanas.
- Os centros urbanos podem enfrentar problemas sociais, como insuficiência de serviços públicos de educação e saneamento básico, e problemas ambientais, como poluição atmosférica e da água.
- O início da industrialização brasileira esteve relacionado ao capital obtido do cultivo e das exportações de café nos estados de São Paulo e do Rio de Janeiro e à instalação de ferrovias ocorrida para o escoamento da produção cafeeira.
- O processo de industrialização no Brasil foi tardio, direcionado à substituição de importações e fortemente dependente de capitais e tecnologias estrangeiros.
- Atualmente o setor industrial brasileiro é diversificado, está em processo de modernização e se concentra nas Regiões Sul e Sudeste.
- Políticas públicas estaduais e municipais buscam oferecer vantagens, como isenção de impostos e doação de terrenos, para atrair investimentos para essas regiões.
- No Brasil, a concentração fundiária e a dificuldade de acesso à terra levam à eclosão de movimentos sociais no campo. A realização da reforma agrária é uma das reivindicações desses movimentos.
- A expansão da fronteira agrícola na Região Centro-Oeste em direção à Região Norte ocorre mediante o avanço da cultura da soja e da criação de gado bovino e provoca desmatamento.
- O agronegócio, a agricultura familiar e a agricultura sustentável são sistemas diferentes de produção agrária.
- As atividades agrícolas podem causar grandes prejuízos ambientais, como a contaminação do solo e dos cursos de água decorrentes do uso inadequado de agrotóxicos.
- As redes de transporte e de comunicação são entendidas como redes de integração nacional, já que favorecem a circulação de pessoas, matérias-primas, mercadorias, tecnologia e informações.
- A rede brasileira de transportes é composta por hidrovias, portos, ferrovias e rodovias, sendo as últimas as mais significativas no contexto nacional.
- Diversificar a rede de transportes e melhorar a infraestrutura dos modais são medidas essenciais para que a integração do território nacional se efetive.
- Televisão, telefone, rádio e internet são os meios de comunicação mais utilizados pela população brasileira.
- O acesso aos meios de comunicação é desigual entre as regiões brasileiras, o que prejudica a população das regiões mais carentes.

1. Complete o esquema abaixo com o nome do fenômeno indicado e, depois, faça o que se pede.

[População que deixa o campo] → [_____] → [Crescimento das cidades]

a) Em que consiste o fenômeno populacional abordado no esquema?

_____
_____

b) Relacione esse fenômeno ao processo de urbanização brasileiro.

_____
_____

2. Observe e interprete o esquema abaixo e, em seguida, complete adequadamente o texto.

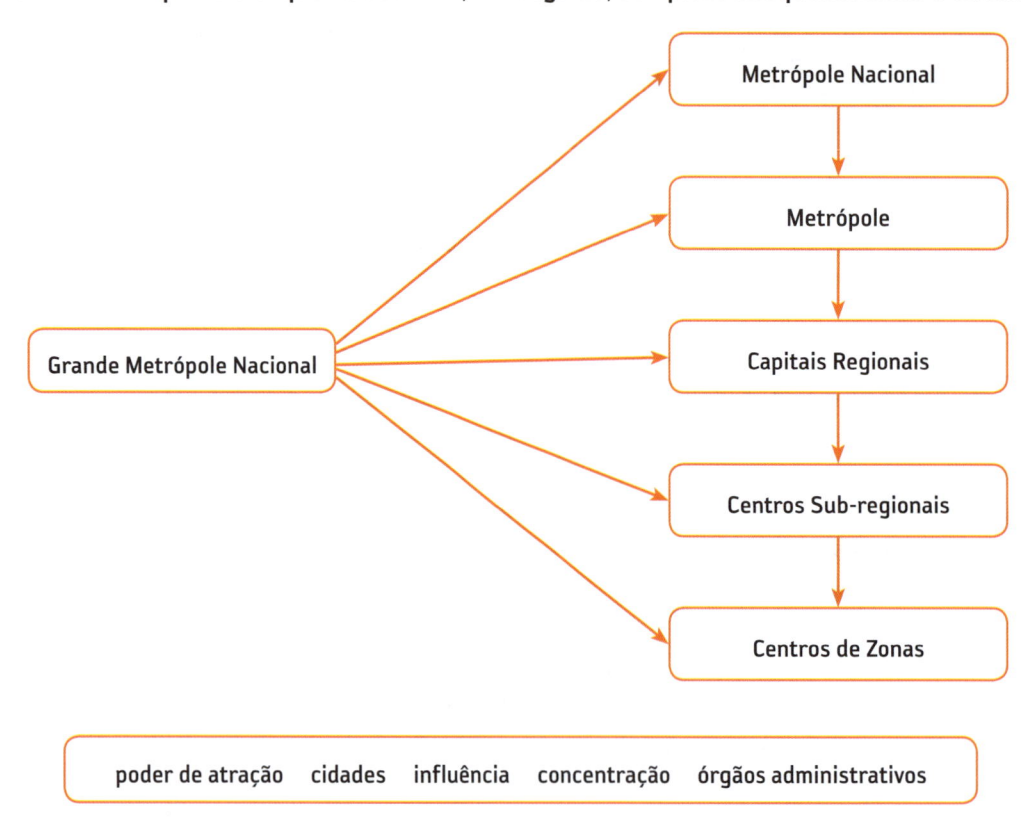

Grande Metrópole Nacional →
- Metrópole Nacional
- Metrópole
- Capitais Regionais
- Centros Sub-regionais
- Centros de Zonas

(Metrópole Nacional → Metrópole → Capitais Regionais → Centros Sub-regionais → Centros de Zonas)

> poder de atração   cidades   influência   concentração   órgãos administrativos

A hierarquia urbana considera a _____ que as _____ exercem sobre determinada área. Se a _____ de _____, sedes de empresas, universidades, serviços de saúde etc. de uma cidade for relevante, ela exercerá _____ sobre outras áreas.

24

3. Os termos abaixo estão relacionados ao espaço urbano brasileiro. Ordene-os no esquema a seguir.

- Formação das regiões metropolitanas.
- Conurbação.
- Aumento das manchas urbanas de cidades vizinhas.

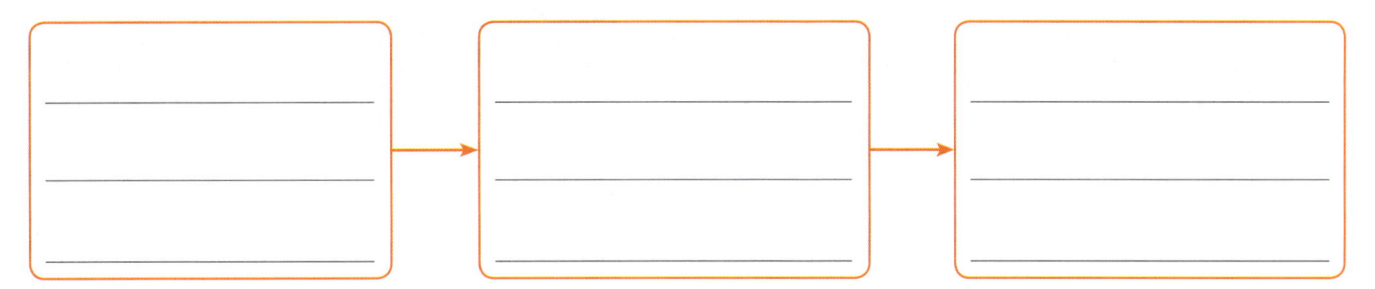

[_____] → [_____] → [_____]

4. Entre os termos abaixo, faça um x naqueles que são considerados problemas sociais comuns nos centros urbanos brasileiros.

( ) Concentração de prédios da administração pública.

( ) Baixa qualidade dos serviços públicos de saúde.

( ) Falta de saneamento básico em diversos bairros.

( ) Existência de estrutura viária para transporte de mercadorias.

( ) Precariedade dos serviços de saneamento básico.

( ) Transporte público deficiente.

( ) Presença de espaços públicos de lazer.

( ) Índices elevados de violência.

5. Preencha o esquema a seguir com os acontecimentos listados no quadro.

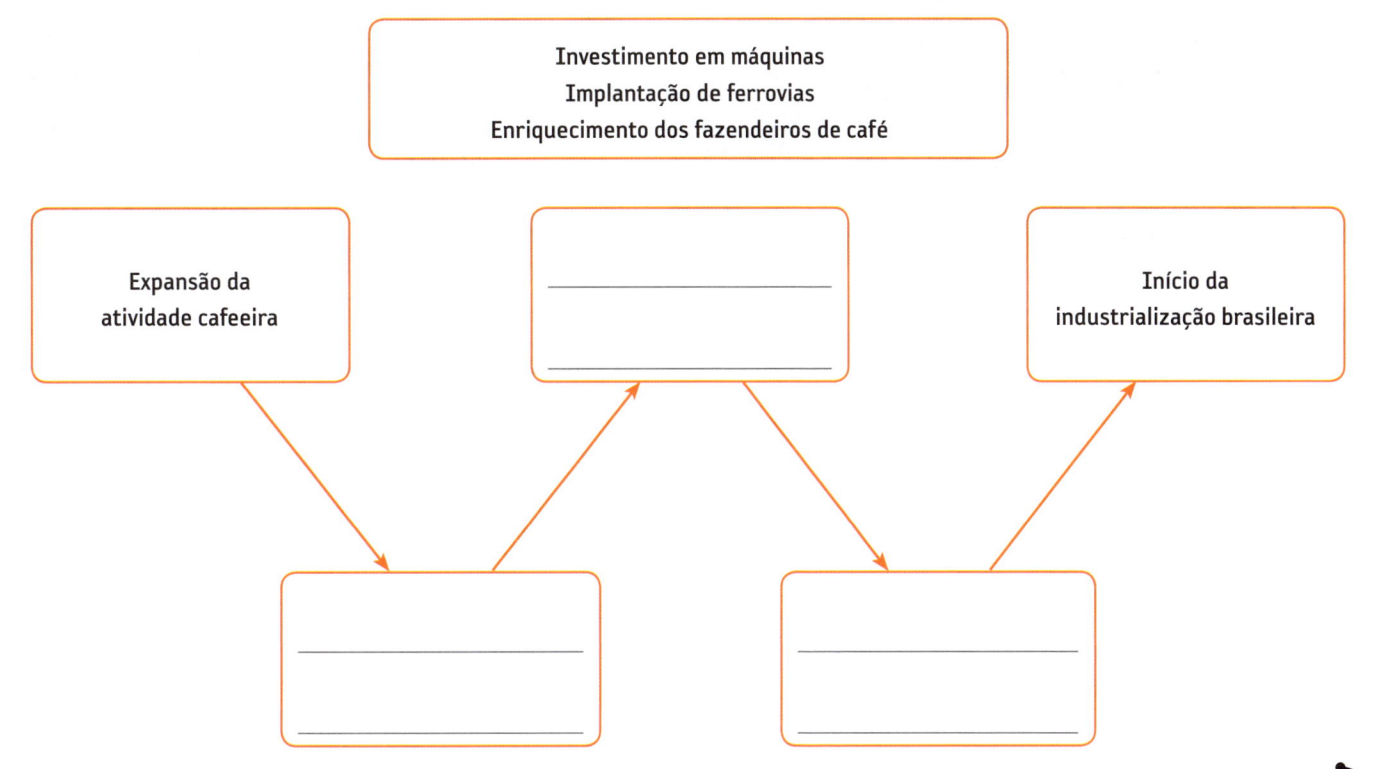

> Investimento em máquinas
> Implantação de ferrovias
> Enriquecimento dos fazendeiros de café

- Expansão da atividade cafeeira
- _____
- Início da industrialização brasileira
- _____
- _____

6. Entre as fotografias abaixo, assinale aquelas que retratam problemas ambientais comuns nas grandes cidades brasileiras.

Rua em São Paulo (SP, 2017).

Moradia no município de Além Paraíba (MG, 2018).

Parque em Florianópolis (SC, 2015).

Avenida em Belo Horizonte (MG, 2006).

Rua em São Paulo (SP, 2016).

Rua em Camburiú (SC, 2018).

- Explique a relação das fotos que você assinalou com a concentração populacional das grandes cidades.

_____

_____

_____

_____

7. Entre os meios de transporte abaixo, assinale aquele que teve forte participação na expansão da atividade cafeeira e no início da industrialização brasileira.

☐ (avião)   ☐ (caminhão)

☐ (charrete)   ☐ (locomotiva)

- Explique o papel do meio de transporte assinalado na expansão da atividade cafeeira e no início da industrialização brasileira.

___

8. Circule no quadro abaixo os acontecimentos que foram importantes para incentivar a industrialização brasileira a partir do início do século XX.

Crises na economia mundial	As guerras mundiais.
A venda de pau-brasil.	As políticas de incentivo.
A escravização da mão de obra.	A queda na exportação de café.
A escassez de mercadorias importadas.	A atividade mineradora.

- Agora, escreva sobre o desenvolvimento da indústria no Brasil usando os acontecimentos que você circulou.

___

9. Assinale a alternativa que completa adequadamente a frase a seguir.

A necessidade de importar máquinas e equipamentos e de se desenvolver a partir de investimentos e tecnologias de outros países é uma característica:

a) da substituição de importações.

b) da dependência de capital e de tecnologia estrangeiros.

c) do projeto de industrialização nacional efetiva.

d) da industrialização tardia.

10. Sobre o processo de desconcentração industrial, faça o que se pede.

a) O que se entende por desconcentração industrial?

_____

_____

_____

_____

b) Em que unidade da federação do Brasil esse fenômeno ocorre com intensidade?

_____

_____

c) Cite algumas medidas que os governos podem tomar para atrair indústrias.

_____

_____

_____

_____

11. Complete as lacunas do texto com os termos do quadro.

> reforma agrária   movimentos sociais   problemas sociais   concentração fundiária

A _____ se relaciona à presença de latifúndios e agrava _____ no campo. Alguns _____ se organizam reivindicando o direito do acesso à terra e melhores condições de trabalho para os pequenos e médios produtores rurais. Para isso, defendem a realização da _____, que visa à redistribuição de terras rurais e renda agrícola.

12. Na imagem abaixo foram representadas duas atividades do setor primário importantes para a economia nacional. Identifique-as e acrescente informações sobre os principais produtos dessas atividades no Brasil.

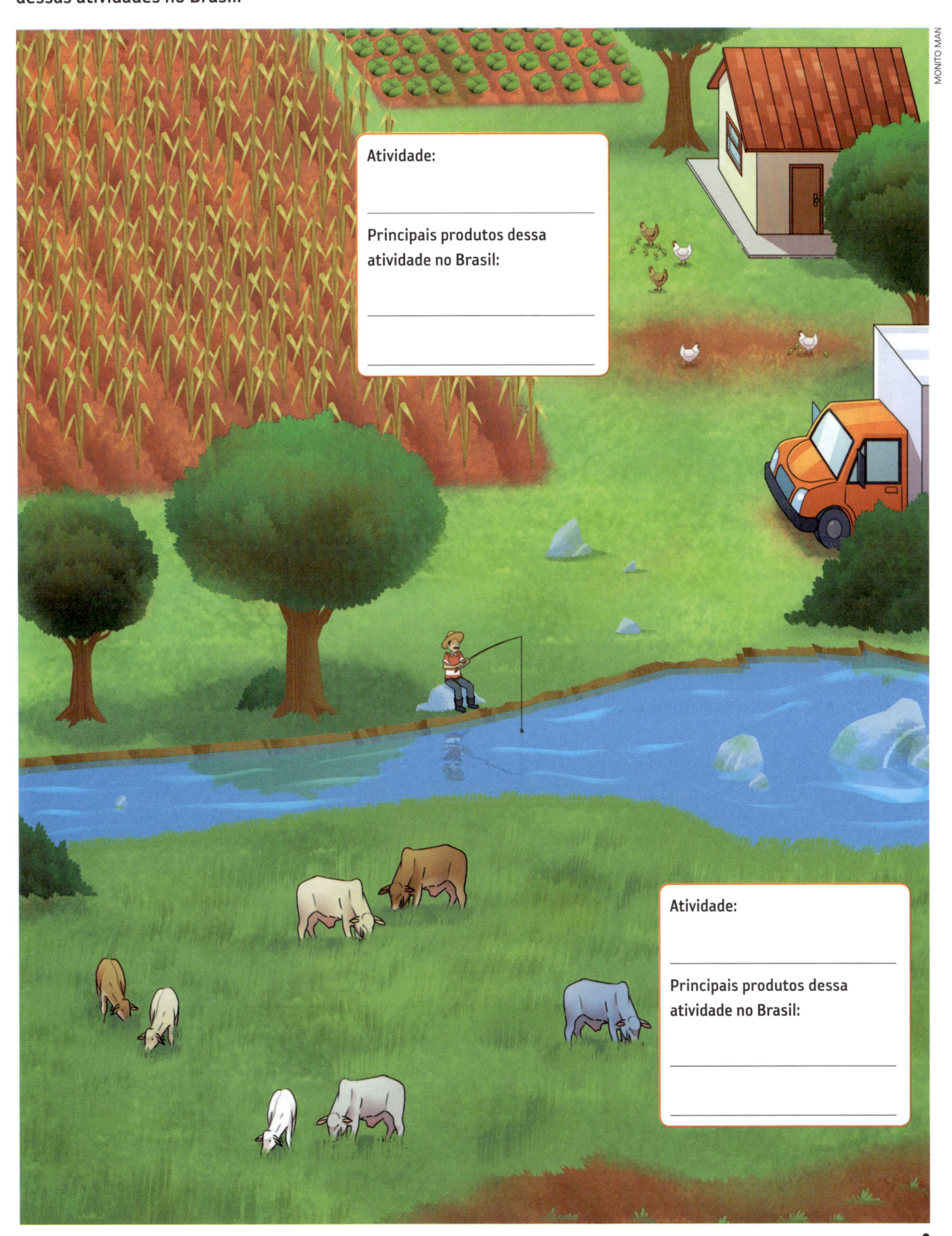

Atividade:

_____

Principais produtos dessa atividade no Brasil:

_____

_____

Atividade:

_____

Principais produtos dessa atividade no Brasil:

_____

_____

13. Observe o mapa abaixo e assinale a resposta correta.

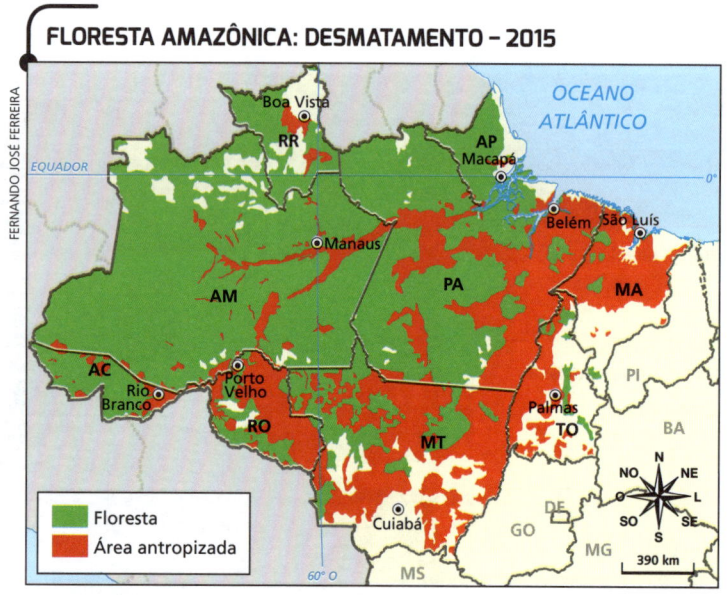

FLORESTA AMAZÔNICA: DESMATAMENTO – 2015

Fonte: IBGE. *Atlas geográfico escolar*. 7. ed. São Paulo: IBGE, 2016. p. 102.

- O dano à Floresta Amazônica representado no mapa ocorre em consequência:

    a) da expansão da fronteira agrícola, principalmente a relacionada ao cultivo de soja e à criação de gado bovino.

    b) do avanço da indústria na região, crescente principalmente após a instalação da Zona Franca de Manaus.

    c) do movimento de povoação, causado principalmente pela busca pelas drogas do sertão e látex.

    d) do avanço da fronteira agrícola, particularmente impulsionado pela produção de borracha no Nordeste.

14. Leia a reportagem abaixo e responda às perguntas.

Principal responsável pela comida que chega às mesas das famílias brasileiras, a agricultura familiar responde por cerca de 70% dos alimentos consumidos em todo o país [...].

O pequeno agricultor ocupa hoje papel decisivo na cadeia produtiva que abastece o mercado brasileiro: mandioca (87%), feijão (70%), carne suína (59%), leite (58%), carne de aves (50%) e milho (46%) são alguns grupos de alimentos com forte presença da agricultura familiar na produção.

Agricultura familiar produz 70% dos alimentos consumidos por brasileiro. *Portal Brasil*, 24 jul. 2015. Disponível em: <http://www.brasil.gov.br/economia-e-emprego/2015/07/agricultura-familiar-produz-70-dos-alimentos-consumidos-por-brasileiro>. Acesso em: 10 jul. 2018.

a) Em que consiste a agricultura familiar?

_____
_____
_____
_____
_____

b) Qual é a importância da agricultura familiar para a sociedade brasileira?

_____
_____
_____

15. Assinale o termo que está relacionado à seguinte definição: "infraestrutura que permite o transporte de matéria, energia ou informação".

a) Tecnologia de transporte.

b) Redes de integração.

c) Fluxo financeiro.

d) Indústria automotiva.

16. Para preencher a cruzadinha, complete os itens com informações sobre o agronegócio.

1. Nível de produtividade: _____

2. Empregada em diversas etapas da produção: _____

3. Principal tipo de cultivo empregado: _____

4. Principal destino dos produtos: _____

5. Associações formadas para que pequenas e médias propriedades participem do agronegócio: _____

6. Indústria localizada no campo e integrada ao agronegócio: _____

17. Preencha os esquemas com exemplos de vias de transporte e meios de comunicação e, em seguida, complete a frase.

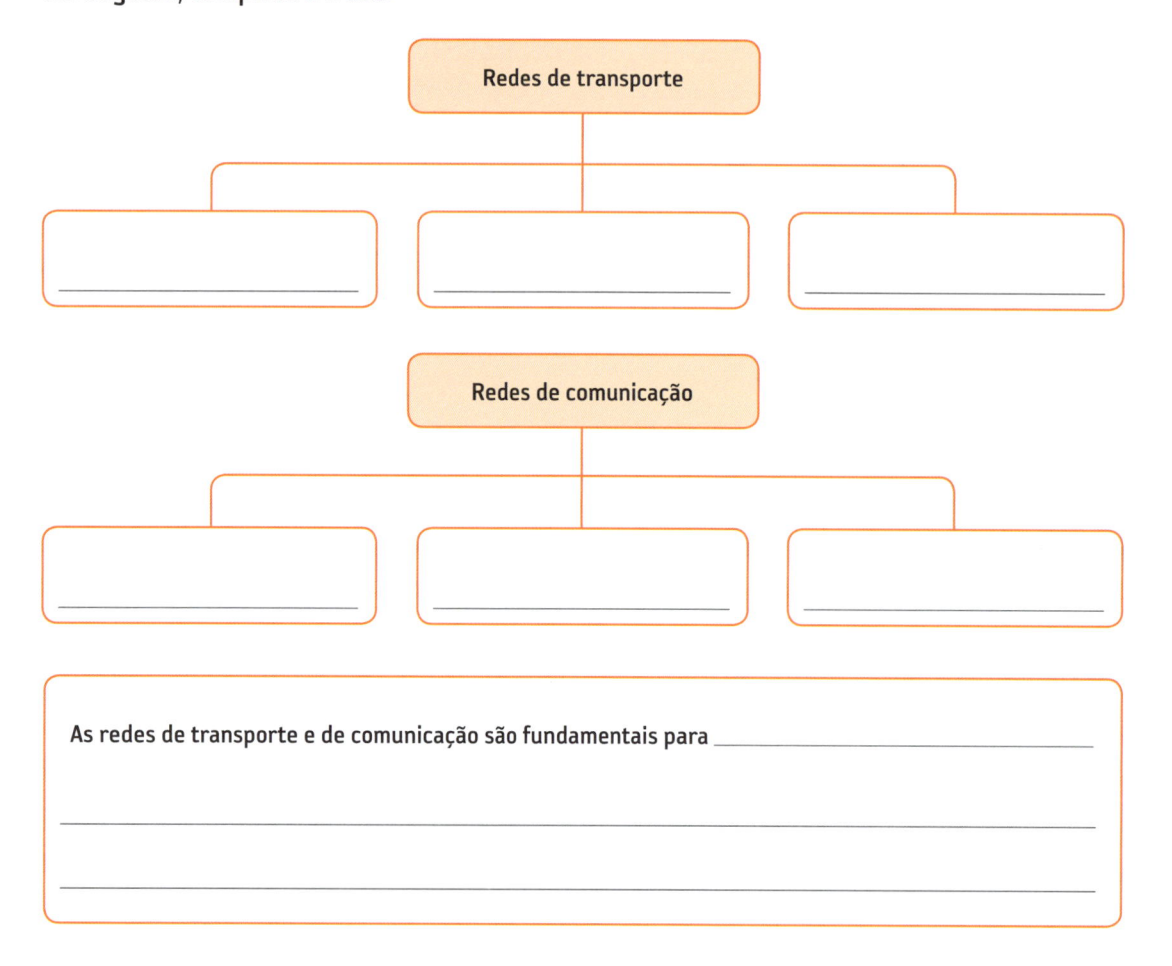

```
                    Redes de transporte
        ┌───────────────────┼───────────────────┐
   _____         _____         _____
```

```
                    Redes de comunicação
        ┌───────────────────┼───────────────────┐
   _____         _____         _____
```

As redes de transporte e de comunicação são fundamentais para _____
_____
_____

18. Observe as fotos abaixo e, depois, faça o que se pede.

Estação ferroviária, desativada na década de 1990, no município de Moeda (MG, 2016).

Rodovia no município de Custódia (PE, 2017).

- As fotos representam uma grande mudança na estrutura do transporte brasileiro. Discorra sobre o assunto.

_____
_____
_____
_____
_____
_____
_____

19. Assinale a alternativa que explica o desafio da rede de transporte brasileira evidenciado no gráfico.

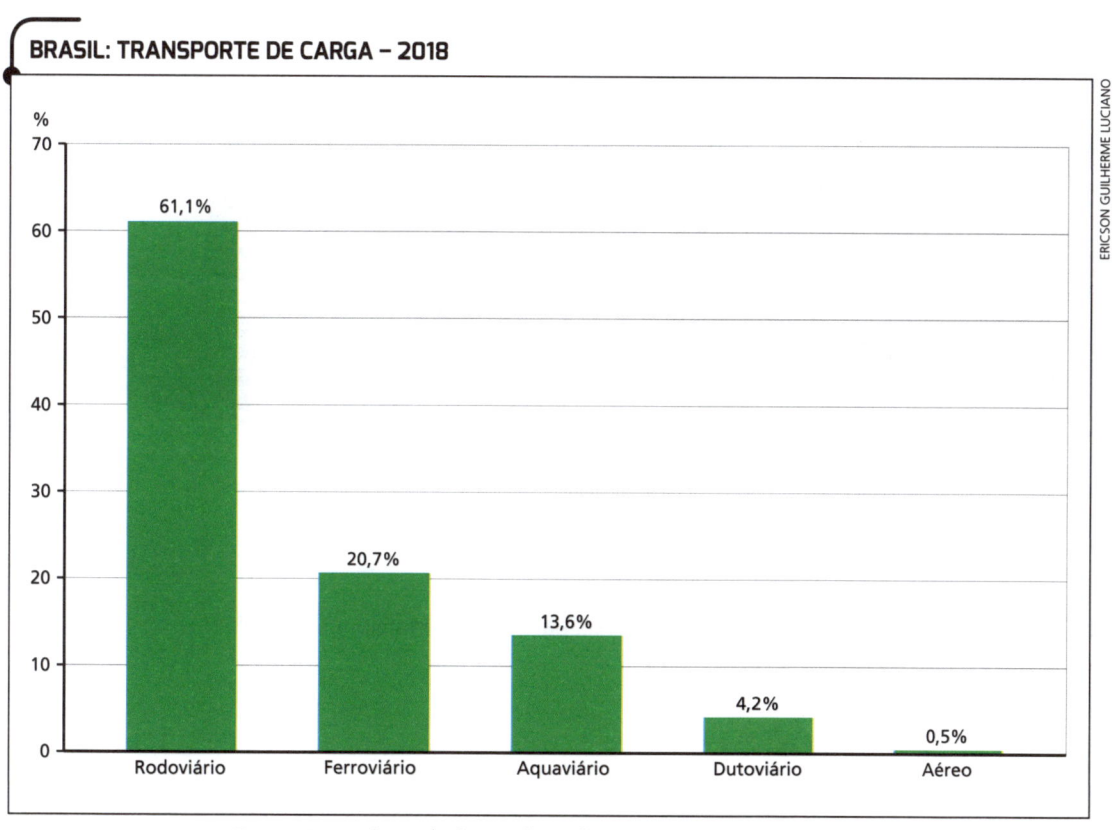

BRASIL: TRANSPORTE DE CARGA – 2018

Modal	%
Rodoviário	61,1%
Ferroviário	20,7%
Aquaviário	13,6%
Dutoviário	4,2%
Aéreo	0,5%

Fonte: CNT. Disponível em: <http://www.cnt.org.br/Boletim/boletim-estatistico-cnt>. Acesso em: 25 jul. 2018.

a) Tendência de crescimento do transporte ferroviário, principalmente a partir da expansão da indústria automobilística.

b) Relativo custo-benefício do transporte aéreo, que leva em consideração as extensões continentais do país.

c) Diversidade do transporte brasileiro, que investe em anéis hidroviários para a distribuição em lugares de tráfego elevado.

d) Transporte de carga altamente dependente do transporte rodoviário.

20. Entre as imagens abaixo, circule aquelas que retratam meios de comunicação que podem acessar as mídias sociais e a internet.

- Qual é a importância do acesso à internet e às redes sociais para que os indivíduos participem da vida em sociedade nos dias de hoje?

_____
_____
_____
_____
_____
_____
_____

UNIDADE 4 REGIÃO NORTE

RECAPITULANDO

- Entre as regiões brasileiras, a Região Norte é a que apresenta maior extensão territorial.
- O relevo da região, em geral, não apresenta grandes altitudes, o que influencia na presença de rios extensos e volumosos.
- Cerca de 20% da água doce do planeta está na Bacia Amazônica.
- O clima predominante na região é o equatorial úmido, que apresenta altas temperaturas, alta pluviosidade e baixa amplitude térmica.
- As condições naturais da Região Norte favorecem a existência da Floresta Amazônica, que tem grande biodiversidade e influencia o clima. Outras formações vegetais encontradas são campos, cerrado e mangues.
- Nos séculos XVI e XVII, a ocupação da Região Norte não foi intensa e ocorreu para garantir o domínio da Coroa portuguesa sobre o território.
- Nos séculos XIX e XX, a exploração de látex na Floresta Amazônica ocasionou movimento migratório para a região.
- Rodovias foram construídas para integrar a Região Norte às outras regiões brasileiras e favorecer o seu desenvolvimento econômico.
- O extrativismo mineral, a agropecuária e a atividade industrial (concentrada na Zona Franca de Manaus) são atividades econômicas significativas, mas ameaçam a preservação da Floresta Amazônica.
- As medidas do governo para ocupação e integração da Região Norte, a partir da segunda metade do século XX, favoreceram a expansão urbana e a migração do campo para as cidades.
- A extração ilegal de madeira, a exploração de recursos minerais, a expansão da agropecuária e de áreas urbanas, a abertura de rodovias e a construção de barragens são as causas do desmatamento da Amazônia.
- O arco do desmatamento concentra os maiores índices de desmatamento da floresta, nas margens sul e leste da Amazônia Legal.
- As queimadas são um grave problema ambiental e causam poluição do ar, degradação do solo e agravamento do efeito estufa.
- Práticas de desenvolvimento sustentável buscam garantir a preservação da Floresta Amazônica.
- Na Região Norte, os povos e as comunidades tradicionais, como os ribeirinhos e os indígenas, têm seu modo de vida associado aos rios e à floresta e exploram os recursos naturais com pouco impacto ambiental.
- Populações ribeirinhas são comunidades que habitam as áreas próximas às margens dos rios e desenvolvem atividades como a agricultura e o extrativismo.
- A população indígena da Região Norte é a maior do Brasil, mas existem interesses econômicos que impedem a demarcação das Terras Indígenas.
- As reservas extrativistas são áreas pertencentes à União nas quais é permitido o uso das terras por populações extrativistas tradicionais e são proibidas a posse e as práticas predatórias.

1. Preencha o esquema abaixo com informações sobre o relevo da Região Norte do Brasil e suas formas predominantes.

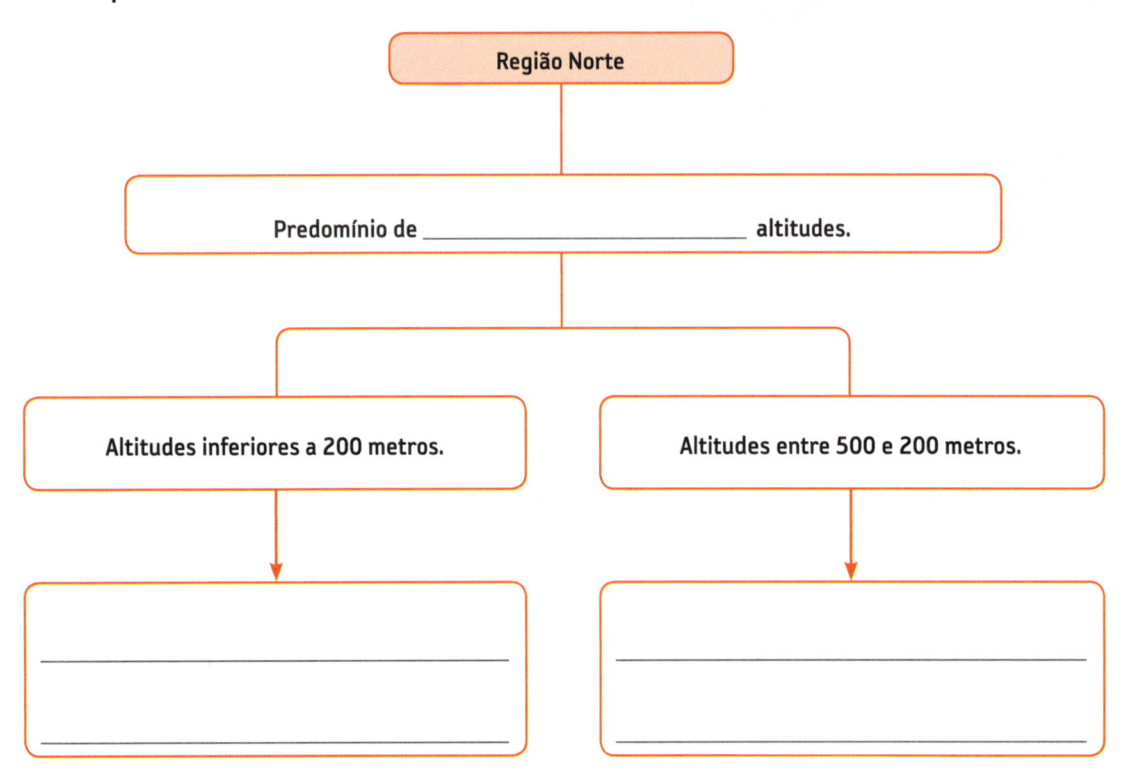

```
                        Região Norte
                             |
            Predomínio de _____ altitudes.
                             |
            ┌────────────────┴────────────────┐
   Altitudes inferiores a 200 metros.   Altitudes entre 500 e 200 metros.
            │                                 │
            ▼                                 ▼
   _____          _____
   _____          _____
```

2. Sobre a hidrografia da Região Norte, assinale V para as afirmações verdadeiras e F para as falsas.

   (   ) Os rios são extensos e volumosos.

   (   ) Os cursos fluviais não são favoráveis à navegação.

   (   ) Os rios têm baixo aproveitamento hídrico.

   (   ) É uma das maiores concentrações de água doce do mundo.

   (   ) Os rios são intermitentes.

   (   ) As margens de rios são ocupadas por populações tradicionais.

   • Agora, descreva as principais características da hidrografia da Região Norte.

   _____
   _____
   _____
   _____
   _____
   _____
   _____

3. Complete o esquema com informações sobre o clima predominante na Região Norte.

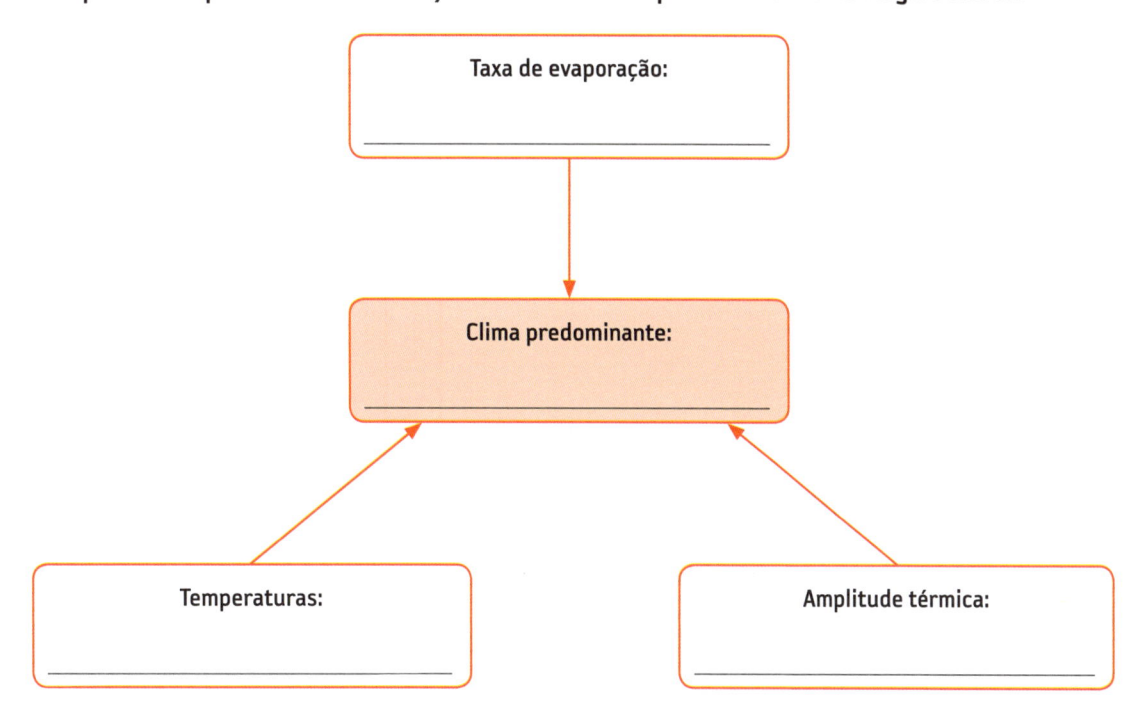

Taxa de evaporação: _____

↓

Clima predominante: _____

↑ ↑

Temperaturas: _____

Amplitude térmica: _____

4. Escolha as palavras do quadro que preenchem adequadamente as lacunas do texto.

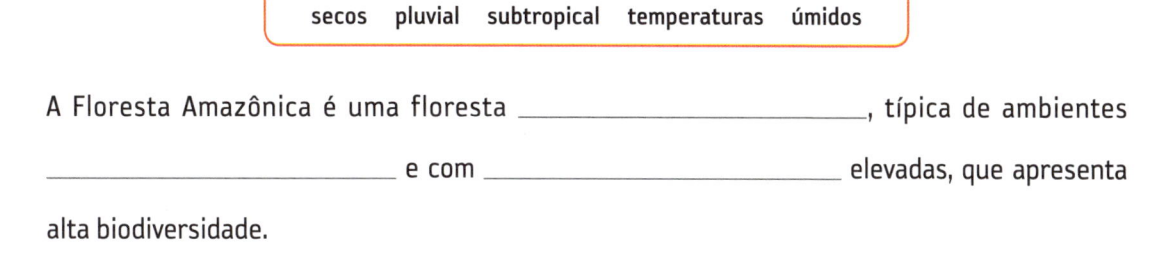

> secos   pluvial   subtropical   temperaturas   úmidos

A Floresta Amazônica é uma floresta _____, típica de ambientes _____ e com _____ elevadas, que apresenta alta biodiversidade.

5. Ligue cada termo à sua definição.

| Região Norte | Área de abrangência da Floresta Amazônica em diferentes países da América do Sul. |

| Amazônia | Conceito criado pelo governo brasileiro para o desenvolvimento regional, e corresponde à Amazônia brasileira. |

| Amazônia Legal | Uma das cinco regiões propostas pela divisão regional do IBGE. |

6. Considerando a ocupação e a exploração do território da Região Norte do Brasil, complete o esquema.

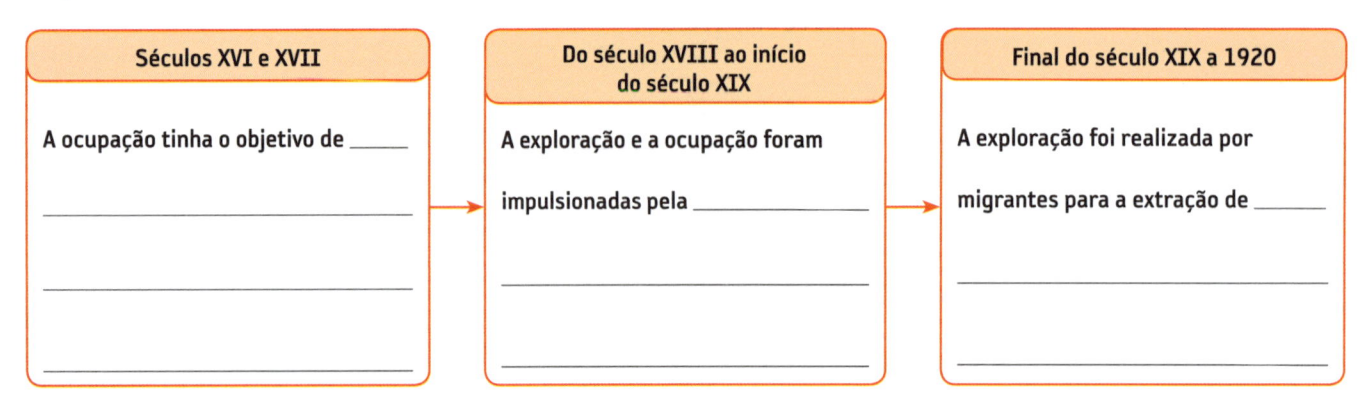

Séculos XVI e XVII	Do século XVIII ao início do século XIX	Final do século XIX a 1920
A ocupação tinha o objetivo de _____ _____ _____ _____	A exploração e a ocupação foram impulsionadas pela _____ _____ _____	A exploração foi realizada por migrantes para a extração de _____ _____ _____

7. Complete as lacunas do texto com os termos adequados.

Na Região Norte, a partir da década de 1950, foram implantados diferentes projetos de construção de eixos de expansão para integrar a região ao restante do país. Os investimentos se direcionavam basicamente às infraestruturas de _____ e tiveram como símbolo a _____, como a BR-153 (Belém-Brasília) e a BR-364 (Cuiabá-Porto Velho).

8. Ligue as caixas abaixo selecionando apenas um item de cada linha. Você deve unir informações relacionadas a uma atividade extrativista de grande importância para o desenvolvimento da Região Norte nos séculos XIX e XX.

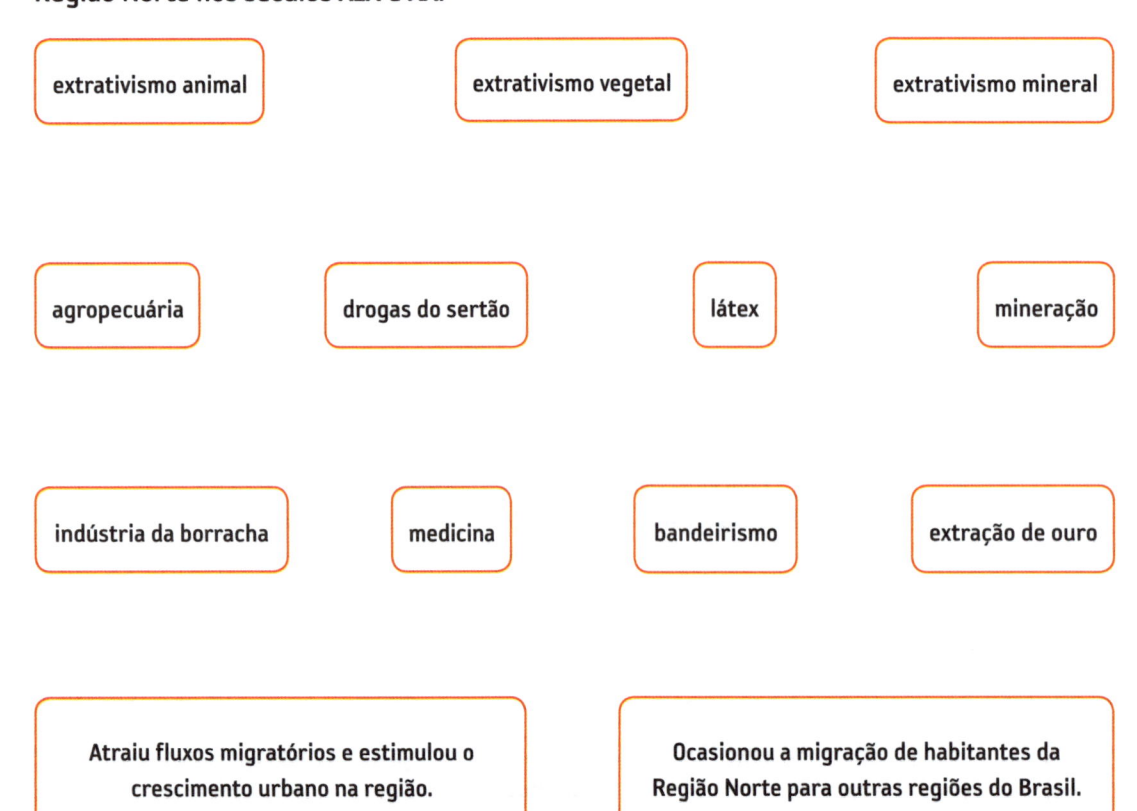

extrativismo animal   extrativismo vegetal   extrativismo mineral

agropecuária   drogas do sertão   látex   mineração

indústria da borracha   medicina   bandeirismo   extração de ouro

Atraiu fluxos migratórios e estimulou o crescimento urbano na região.   Ocasionou a migração de habitantes da Região Norte para outras regiões do Brasil.

9. Preencha o esquema apresentando o nome e os problemas socioambientais decorrentes da prática da atividade retratada na foto.

Trabalhador no município de Itaituba (PA, 2017).

Atividade: _____

Problemas socioambientais:
_____
_____
_____
_____
_____
_____
_____

10. Sobre a Zona Franca de Manaus, é correto afirmar:

a) trata-se de uma zona de livre circulação de pessoas na fronteira norte do território nacional.

b) tem como objetivo a consolidação de um polo urbano para evitar a entrada de estrangeiros pela fronteira amazônica.

c) trata-se de uma área no estado do Amazonas que estimula a atividade industrial através da isenção de impostos de importação.

d) é um polo de educação universitária que reúne parte considerável das pesquisas em tecnologia do país.

11. Preencha adequadamente as lacunas do texto abaixo com as palavras do quadro.

> soja   desmatamento   ilegalmente   biotecnologia   licença do Ibama

A exploração de madeira na Floresta Amazônica só pode ser realizada mediante a obtenção de _____. No entanto, parte da madeira é derrubada _____. O avanço da agropecuária é um dos principais motivos para o aumento do _____ na Região Norte. O solo amazônico não é fértil, mas o uso de _____ e de técnicas agrícolas modernas tem permitido o avanço principalmente da _____.

12. Observe a fotografia a seguir e responda às questões.

Vista de área antes inteiramente coberta pela Floresta Amazônica no município de Manaus (AM, 2015).

a) Que problema ambiental a fotografia mostra? Em qual floresta ele ocorre?

___

b) Quais atividades humanas têm provocado esse problema?

___

13. Assinale a alternativa que apresenta medidas para evitar o desmatamento na Amazônia e depois responda à questão.

I. Fortalecimento do agronegócio e das práticas altamente dependentes da produção de energia hidrelétrica.

II. Desregulamentação ambiental e encolhimento dos direitos dos povos indígenas.

III. Incentivos fiscais para a implementação de empresas de mineração e garimpo.

IV. Fiscalização rigorosa das leis ambientais e acompanhamento da mancha de floresta através de satélites.

- As medidas da alternativa que você assinalou têm sido suficientes para a proteção da Floresta Amazônica? Por quê?

___

14. Escolha as palavras do quadro que completam corretamente as lacunas do texto.

> fabricação   ilegalmente   legalmente   leis do Congresso   leis ambientais   descarte

A certificação ambiental é um documento concedido a empresas que respeitam as _____ nos processos de _____ de seus produtos. Os produtos feitos com madeira retirada _____ da Floresta Amazônica, por exemplo, devem apresentar um selo verde – assim, sabemos que se trata de uma mercadoria produzida sem prejuízo ambiental.

15. O texto traz informações sobre a construção de uma barragem que objetiva a geração de energia hidrelétrica na Região Norte do Brasil.

Belo Monte

Uma das mais polêmicas obras em andamento no país, a barragem de Belo Monte está sendo construída no Rio Xingu, no estado do Pará. Planejada para ser a segunda maior barragem do país, atrás apenas de Itaipu, a barragem de Belo Monte vai desalojar ao menos 30 mil pessoas só na área urbana de Altamira. [...] a obra já deixa um rastro de violação de direitos humanos e desrespeito aos povos tradicionais e à biodiversidade.

MOVIMENTO DOS ATINGIDOS POR BARRAGENS (MAB). *Belo Monte – Sobre a Barragem*. Disponível em: <http://www.mabnacional.org.br/amazonia/belomonte/sobre_a_barragem>. Acesso em: 14 jul. 2018.

- Por que a construção da barragem de Belo Monte pode gerar problemas ambientais e sociais nas localidades em que ela acontece?

_____
_____
_____
_____

16. Complete o esquema.

Desenvolvimento sustentável

Consiste em:
_____
_____
_____
_____

Exemplos de práticas que objetivam o desenvolvimento sustentável

| Explorar recursos vegetais e animais sem interferir no ciclo de _____ | Explorar áreas já modificadas para preservar a _____ das áreas preservadas. | Reduzir o uso de _____, aumentando a reciclagem e a reutilização. | Valorizar as _____ _____ e aproveitar seus conhecimentos. |

17. Complete a frase com os termos adequados.

> miscigenação   hidrográfica   Região Norte   comunidades ribeirinhas   látex

A _____ abriga a maior quantidade de _____ do Brasil, que utilizam os rios da extensa rede _____ da região. As origens dessas populações remetem à _____ entre portugueses e indígenas que habitavam a região amazônica e à migração de nordestinos que se deslocaram para a região durante o período de intensa exploração do _____ para a produção de borracha.

18. Complete o esquema.

Principais povos tradicionais da Região Norte

_____

_____

Relacionam-se com os rios e a floresta de maneira _____, contribuindo para a _____ dos recursos naturais.

19. Observe a fotografia.

Coleta de ouriços de castanha no município de Laranjal do Jari (AP, 2017).

a) Que tipo de atividade está representado na fotografia?

b) Explique por que essa atividade é considerada sustentável.

20. Para completar a cruzadinha, complete as frases a seguir com os termos adequados.

1. Comunidades que se desenvolvem em intensa relação com os rios, aos quais devem seu modo de vida e sustento: _____

2. Estão entre os povos tradicionais; alguns grupos ainda vivem em ampla relação com as florestas; cultura, língua e costumes variam de grupo para grupo: _____

3. _____ Amazônica: domínio florestal observado na Região Norte do Brasil.

4. Os povos e as comunidades tradicionais realizam atividades de maneira sustentável, contribuindo para a _____ dos recursos naturais.

5. Área pertencente à União na qual é permitido o uso das terras por populações extrativistas tradicionais. São proibidas a transferência de posse e a prática do extrativismo predatório: _____

UNIDADE 5 REGIÃO NORDESTE

RECAPITULANDO

- No relevo da Região Nordeste há extensas áreas de planalto, depressões e planícies costeiras.
- No Nordeste, predomina o clima tropical típico e duas variações desse tipo climático: o tropical semiárido e o tropical litorâneo.
- Há variedade de tipos de vegetação: Floresta Amazônica, Mata Atlântica, cerrado, vegetação litorânea e caatinga – com destaque para a caatinga.
- No Nordeste predominam rios intermitentes. Dois importantes rios perenes são o Parnaíba e o São Francisco.
- O Nordeste é a área de colonização mais antiga do Brasil, e seu espaço geográfico foi profundamente marcado pela economia canavieira do século XVI.
- As atividades industriais e agrícolas têm se desenvolvido no Nordeste devido, sobretudo, ao investimento em obras de infraestrutura de transporte e em irrigação.
- As regiões metropolitanas de São Luís, Fortaleza, Natal, Recife, Maceió e Salvador concentram atividades de comércio e de serviços, especialmente as relacionadas ao turismo.
- A região apresentou melhora dos indicadores sociais em decorrência das políticas públicas de distribuição de renda aplicadas a partir dos anos 2000.
- A Zona da Mata encontra-se bastante devastada em decorrência da economia canavieira desenvolvida no século XVI e ao crescimento das cidades localizadas nessa sub-região.
- Economicamente, a Zona da Mata se destaca pela produção de cana-de-açúcar, cacau, beneficiamento de frutas e pela indústria de celulose.
- O Agreste é uma zona de transição entre a Zona da Mata e o Sertão.
- O Agreste é marcado pelo predomínio de pequenas propriedades e pela policultura, voltada principalmente para a produção de alimentos. A produção algodoeira, que cresceu no Agreste a partir do século XIX, impulsionou o desenvolvimento da indústria têxtil no século XX.
- No Sertão, é comum a ocorrência de um período longo de estiagem e a concentração das chuvas entre os meses de abril e maio.
- No Sertão, predominam as atividades agrícolas e de criação animal para subsistência, com destaque para a fruticultura irrigada desenvolvida mais recentemente.
- A transposição das águas do Rio São Francisco é um projeto que prevê a transposição das águas desse rio para abastecer os rios intermitentes das bacias do Nordeste setentrional.
- O Meio-Norte é uma sub-região onde predomina a Mata dos Cocais.
- As principais atividades econômicas do Meio-Norte são o extrativismo vegetal, a criação de gado e a produção de algodão, arroz e soja.

1. Preencha o esquema abaixo sobre as principais formas de relevo da Região Nordeste.

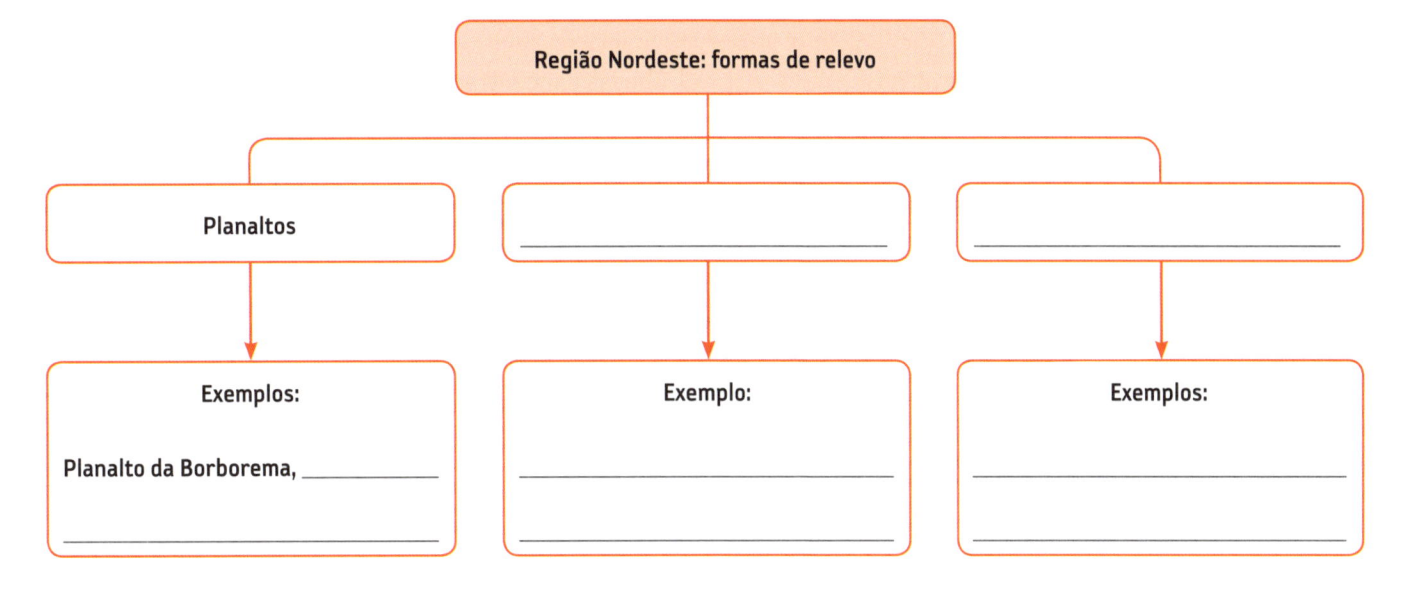

```
                    Região Nordeste: formas de relevo
         ┌──────────────────────┼──────────────────────┐
      Planaltos            _____         _____
         │                      │                      │
      Exemplos:             Exemplo:              Exemplos:
  Planalto da Borborema,  _____        _____
  _____          _____        _____
```

2. Observe o mapa abaixo e responda às questões.

REGIÃO NORDESTE: CLIMA

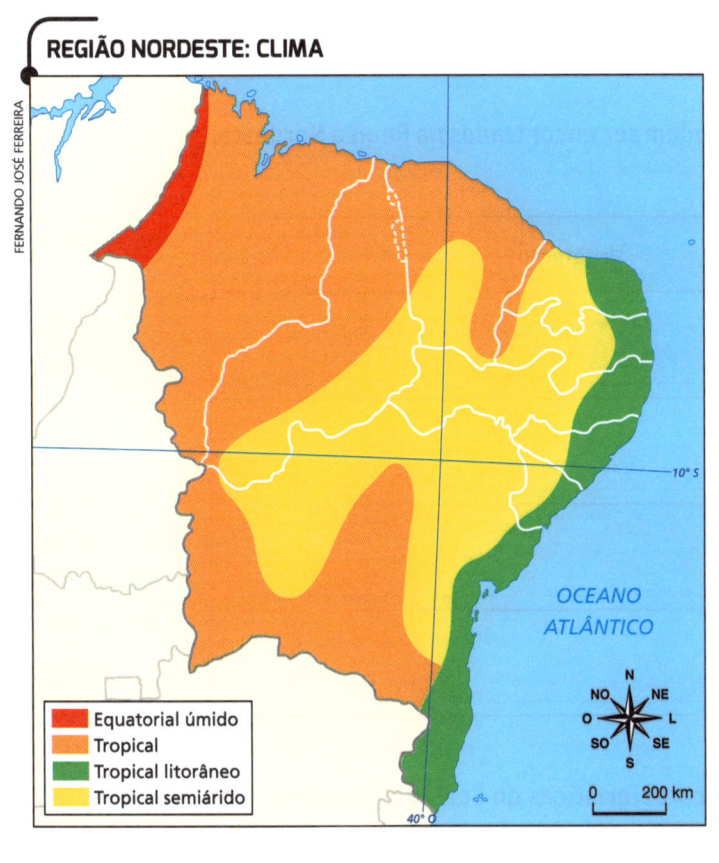

Legenda:
- Equatorial úmido
- Tropical
- Tropical litorâneo
- Tropical semiárido

Fonte: FERREIRA, Graça M. L. Atlas geográfico: espaço mundial. 4 ed. São Paulo: Moderna, 2013. p. 127.

a) Qual é o clima predominante na Região Nordeste e quais são as duas variações deste clima que também estão presentes na região?

_____
_____
_____
_____
_____
_____
_____

b) Quais são as principais diferenças entre os três climas citados na resposta anterior?

_____
_____
_____
_____

45

3. Qual é a principal característica da distribuição das chuvas no clima tropical litorâneo? Assinale a resposta correta.

☐ Chuvas concentradas no inverno.   ☐ Chuvas concentradas no verão.

4. Complete o esquema sobre os dois fatores apontados como os principais responsáveis pela ocorrência do clima tropical semiárido no interior da Região Nordeste.

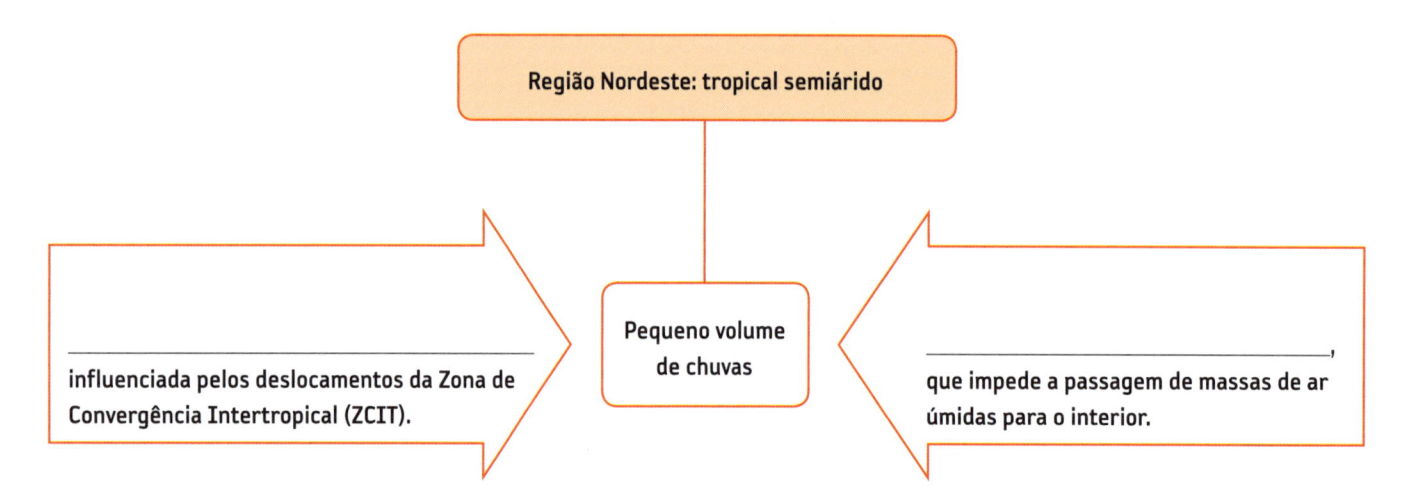

Região Nordeste: tropical semiárido

Pequeno volume de chuvas

→ _____ influenciada pelos deslocamentos da Zona de Convergência Intertropical (ZCIT).

← _____, que impede a passagem de massas de ar úmidas para o interior.

5. Complete o quadro com os tipos de vegetação que podem ser encontrados na Região Nordeste, de acordo com o clima predominante.

Tipo de clima	Vegetação
Tropical litorâneo	
Tropical semiárido	
Tropical	
Equatorial úmido	

6. Assinale a alternativa que apresenta as principais características do Sertão nordestino.

a) Ocorrência de clima tropical semiárido, predominância da caatinga, altas temperaturas e baixos volumes pluviométricos.

b) Ocorrência de clima tropical desértico, predominância do cerrado, altas temperaturas e elevados índices de evaporação.

c) Ocorrência de clima tropical semiárido, predominância da caatinga, baixas temperaturas e alto índice de evaporação.

d) Ocorrência de clima tropical litorâneo, predomínio da Mata de Cocais, altas temperaturas e baixos índices de evaporação.

7. Complete as lacunas do texto com os termos adequados.

> intermitentes   perenes   São Francisco   cisternas   poços

Na Região Nordeste há rios perenes, mas predominam os rios _____.

Nas áreas onde os rios são intermitentes, a população obtém água perfurando _____ ou através de _____ que captam a água das chuvas. Os rios Parnaíba e _____ são _____, ou seja, possuem água durante todo o ano.

8. Assinale a alternativa que apresenta características do atual espaço nordestino resultantes de seu passado colonial.

a) Arquitetura colonial, propriedade coletiva da terra e importância da cana-de-açúcar na produção agrícola.

b) Construções turísticas, influências arquitetônicas, aproveitamento da energia dos ventos.

c) Arquitetura colonial, concentração da terra em latifúndios e importância da cana-de-açúcar na produção agrícola.

d) Influências arquitetônicas, concentração da terra em latifúndios e silvicultura de pau-brasil.

9. A fotografia retrata um tipo de atividade econômica que foi importante no processo de ocupação do interior da Região Nordeste. Observe-a e responda às questões.

Município de Itagimirim (BA, 2016).

a) Que atividade econômica está retratada na foto?

b) Como essa atividade econômica esteve relacionada à ocupação do interior da Região Nordeste?

10. Complete o esquema com as principais características da Região Nordeste que estimulam o desenvolvimento do turismo.

```
              Região Nordeste: atrativos para o turismo
       ┌──────────────────────┼──────────────────────┐
  ┌─────────┐            ┌─────────┐           ┌─────────┐
  │_____│            │_____│           │_____│
  └─────────┘            └─────────┘           └─────────┘
```

- Qual é a importância do turismo e dos serviços relacionados a ele para a Região Nordeste?

_____

_____

_____

11. Ligue cada via de transporte retratada na foto à informação correspondente.

Rio São Francisco, em Penedo (AL, 2016).

A rede dessa via de transporte constitui o principal meio de ligação entre o Nordeste e as demais regiões. De Recife a Salvador partem as principais vias que ligam o litoral ao interior.

Trecho de ferrovia em São Luís (MA, 2014).

Eixo histórico de integração da Região Nordeste ao restante do território brasileiro.

Construção de rodovia em São José de Piranhas (PB, 2015).

A recente expansão da agricultura comercial no sul do Maranhão e do Piauí e no oeste da Bahia tem estimulado o desenvolvimento dessas vias de transporte.

48

12. Complete as lacunas do texto com os termos adequados.

> desigualdade social   mortalidade infantil   redistribuição de renda   indicadores socioeconômicos

Desde a década de 2000, políticas de _____ objetivam reduzir a miséria e a _____ no Brasil. A população do Nordeste beneficiou-se dessas políticas, apresentando queda na taxa de _____ e melhoria de outros _____.

13. A foto abaixo retrata a paisagem de um local situado em uma sub-região do Nordeste. Complete o esquema com informações sobre essa subdivisão regional.

Praia no município de Itacaré (BA, 2018).

Subdivisão regional: _____

Compreende a faixa litorânea dos estados: _____

Vegetação original: _____

Sedia algumas capitais nordestinas, como: _____

Atividades econômicas: _____

14. Na sub-região da Zona da Mata, a vegetação de Mata Atlântica foi amplamente devastada por atividades humanas. Assinale a alternativa que explica essa devastação.

a) Cultivo de cana-de-açúcar, crescimento de cidades, recente exploração de petróleo.

b) Exploração mineral, construção de portos e exploração de petróleo.

c) Cultivo de cana-de-açúcar, exploração mineral e caça.

d) Cultivo de uva, exploração mineral e crescimento de cidades.

15. Considerando a economia da Zona da Mata, preencha o esquema com o nome e a localização de duas áreas onde predominam atividades agrícolas distintas.

Zona da Mata

_____

_____

Cana-de-açúcar.

Cacau.

Localização: _____

Localização: _____

16. Preencha o esquema abaixo com informações sobre a sub-região do Sertão.

Paisagem rural no município de Rio do Pires localizada em área do Sertão (BA, 2014).

Área de ocorrência:

Regime de chuvas:

Características da vegetação predominante:

17. Encontre no diagrama abaixo as palavras que completam as lacunas nas frases a seguir.

A	A	E	S	T	T	E	A	D	R	O	Ã	F	P	T
F	Ç	S	I	R	O	U	G	E	U	G	H	P	O	U
I	A	P	L	A	N	T	A	Ç	Õ	E	S	E	L	J
V	F	I	A	N	I	O	S	E	E	R	A	T	I	F
A	R	N	R	S	C	I	E	P	S	T	S	A	C	R
M	A	N	D	I	O	C	A	P	T	O	O	R	U	G
U	N	H	A	Ç	R	Ã	Ç	Ã	Y	P	S	T	L	F
G	C	O	E	Ã	O	E	R	O	U	L	T	D	T	F
O	A	L	G	O	D	O	E	I	R	A	R	A	O	R
D	B	O	P	O	I	R	C	G	R	J	U	L	R	V
Ã	E	Ã	O	D	L	S	A	A	U	L	P	H	A	B
O	V	E	L	U	G	A	S	T	A	D	E	O	S	V

O Agreste é uma faixa de _____ entre a Zona da Mata e o Sertão. O povoamento do Agreste se relaciona à expansão das _____ de cana-de-açúcar. Hoje em dia, predominam nessa sub-região as pequenas propriedades _____ que cultivam feijão, milho, _____, entre outros. A produção _____ também é de grande importância em municípios como o de Campina Grande.

Área do Agreste paraibano, em Teixeira (PB, 2016).

18. Para resolver a cruzadinha a seguir, complete as frases abaixo com os termos adequados.

A: Vegetação predominante no Sertão nordestino:

_____

B: Tipo de cultivo possibilitado pelo uso de técnicas de irrigação e muito praticado nessa sub-região:

_____

C: Nome dado a uma prática de uso indevido de verbas governamentais para a realização de benfeitorias nas terras de grandes proprietários do Sertão:

_____

D: Nome dado ao projeto de alteração do curso do Rio São Francisco para direcionar água deste rio para rios intermitentes do Nordeste setentrional:

_____

19. A transposição do Rio São Francisco é um projeto polêmico. O que afirmam as pessoas que são a favor? E as pessoas que são contra? Escreva abaixo.

A favor: _____

Contra: _____

Canal de transposição do Rio São Francisco no município de Cabrobó (PE, 2018).

20. Sobre a sub-região Meio-Norte, classifique as frases abaixo como verdadeiras (V) ou falsas (F) e reescreva corretamente a(s) falsa(s).

( ) Situa-se na porção leste da Região Nordeste, abrangendo o Rio Grande do Norte e a Paraíba.

( ) No Meio-Norte, predomina a Mata dos Cocais constituída de palmeiras e coqueiros com frutos oleaginosos.

( ) A principal atividade econômica que ocorre na Mata dos Cocais é a caça, que fornece a matéria-prima para a produção de cosméticos.

( ) As quebradeiras de coco-babaçu são trabalhadoras que sobrevivem da coleta de coco de babaçu; o babaçu é uma árvore encontrada na Mata dos Cocais.

_____
_____
_____
_____

21. Complete as lacunas do texto com os termos adequados.

> Porto de Itaqui   Maranhão   extração de minérios   Meio-Norte   soja

A expansão da cultura da _____ e a _____ vêm agravando os conflitos pela terra na sub-região _____. Ambas as atividades escoam seus produtos pelo _____, em São Luís, capital do estado do _____ e principal cidade do Meio-Norte.

22. Observe o mapa abaixo e, depois, pinte a legenda com as cores correspondentes a cada uma das sub-regiões do Nordeste.

REGIÃO NORDESTE: SUB-REGIÕES

- Zona da Mata
- Agreste
- Sertão
- Meio-Norte

Fonte: ANDRADE, Manuel C. de. *A terra e o homem no Nordeste*. São Paulo: Brasiliense, 1973. p. 34.

UNIDADE 6 REGIÃO SUDESTE

RECAPITULANDO

- As principais formas de relevo da Região Sudeste são serras, morros e colinas, o que permite a ocorrência de rios de planalto, de grande potencial hidrelétrico.
- No clima, destacam-se as variações tropical, tropical litorâneo, tropical de altitude e subtropical. A cobertura vegetal, apesar de ter sido em grande parte desmatada, apresenta formações de Mata Atlântica, Mata dos Pinhais, cerrado, caatinga e vegetação litorânea.
- Sobretudo no litoral do estado de São Paulo, encontram-se as comunidades caiçaras, formadas por povos tradicionais que vivem da agricultura, da pesca e do extrativismo.
- A ocupação do território da Região Sudeste esteve relacionada à exploração mineral (sobretudo em Minas Gerais), ao cultivo de café (sobretudo no Rio de Janeiro e em São Paulo) e ao processo de industrialização.
- O Sudeste possui infraestruturas de transporte, energia e comunicação, importantes para a concentração econômica e industrial que ocorre na região.
- O Sudeste concentra grande parte da população brasileira e apresenta as maiores taxas de urbanização do país.
- No Sudeste, está localizada a única megalópole brasileira em formação, que poderá ser formada pela conurbação das metrópoles de São Paulo e Rio de Janeiro.
- A Região Sudeste é responsável pela geração de mais da metade do Produto Interno Bruto (PIB) brasileiro e concentra empresas de serviços, indústrias e polos de tecnologia.
- Apesar da herança agrícola e da prática da pecuária, a atividade primária que se destaca no Sudeste atualmente é a extração de petróleo na Bacia de Campos, localizada no litoral norte do estado do Rio de Janeiro.

1. Preencha o esquema abaixo sobre os aspectos naturais da Região Sudeste.

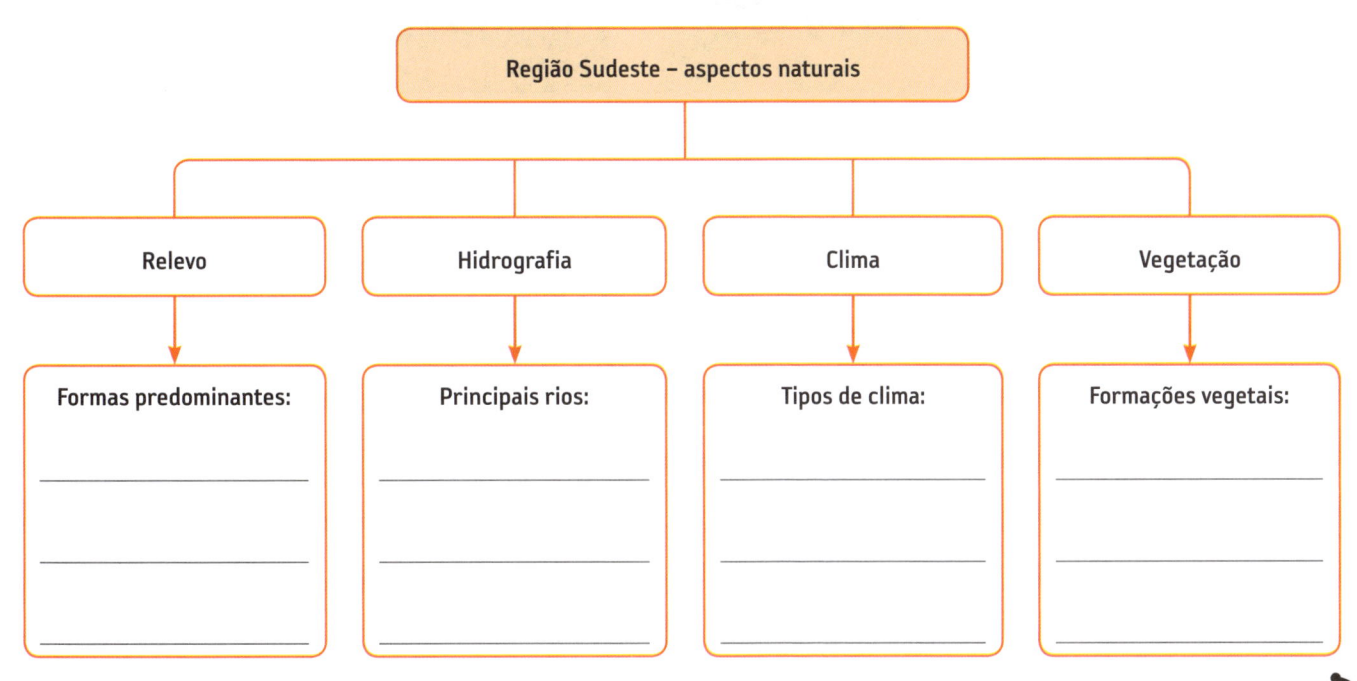

Região Sudeste – aspectos naturais

Relevo	Hidrografia	Clima	Vegetação
Formas predominantes:	Principais rios:	Tipos de clima:	Formações vegetais:
_____	_____	_____	_____
_____	_____	_____	_____
_____	_____	_____	_____

2. Complete a legenda de cada fotografia com o nome da formação vegetal retratada.

Vegetação de _____.

Vegetação de _____.

Vegetação de _____.

Vegetação de _____.

3. Escolha as palavras do quadro abaixo que completam corretamente as lacunas do texto.

café   monocultura   milho   vegetação nativa   solo   policultura

Nos estados da Região Sudeste, extensas áreas de _____ deram lugar a cultivos de _____, soja, cana-de-açúcar e laranja. Com o passar do tempo, a prática da _____ causou o esgotamento de parte do _____ da região.

4. Observe a fotografia e responda às questões.

Pai e filho no canal de Bertioga, no município de Guarujá (SP, 2014).

a) A fotografia retrata uma atividade cotidiana de uma comunidade tradicional que vive no litoral da Região Sudeste. Como essa comunidade tradicional é chamada?

_____

b) Que atividades produtivas essa comunidade desenvolve?

_____

_____

_____

5. Circule as atividades que ameaçam a permanência das comunidades caiçaras.

- turismo
- pesca industrial
- sistema de agrofloresta
- especulação imobiliária
- pesca artesanal
- construção de rodovias e portos

6. Considerando a ocupação da Região Sudeste do Brasil, complete o esquema abaixo.

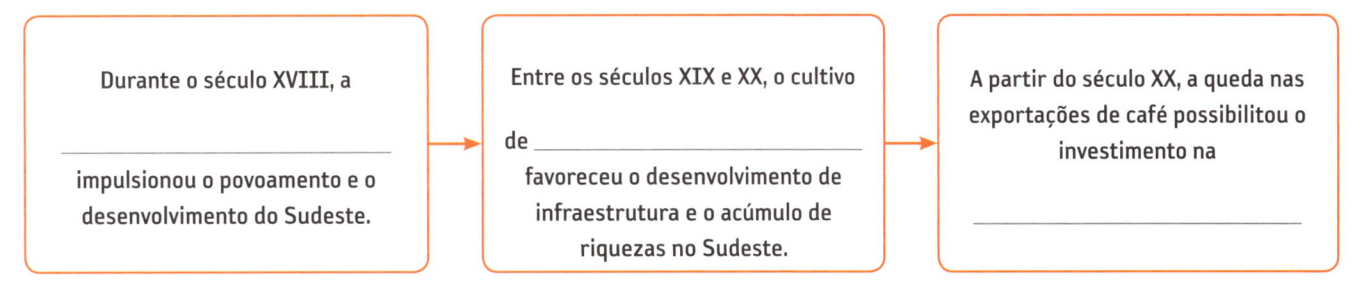

| Durante o século XVIII, a _____ impulsionou o povoamento e o desenvolvimento do Sudeste. | → | Entre os séculos XIX e XX, o cultivo de _____ favoreceu o desenvolvimento de infraestrutura e o acúmulo de riquezas no Sudeste. | → | A partir do século XX, a queda nas exportações de café possibilitou o investimento na _____ |

7. Classifique as afirmativas sobre a cafeicultura na Região Sudeste como verdadeiras (V) ou falsas (F).

( ) O cultivo de café contribuiu para o crescimento das cidades na região.

( ) A cafeicultura não esteve relacionada ao processo de industrialização, ocorrido como consequência do empreendedorismo dos imigrantes de origem europeia.

( ) A cafeicultura fomentou processos internos de migração, um dos fatores relacionados ao crescimento populacional do Sudeste.

( ) O cultivo de café não favoreceu a urbanização, pois os trabalhadores que migravam iam apenas para o campo.

( ) A cafeicultura levou à ampliação da infraestrutura de transporte, principalmente o ferroviário.

( ) O cultivo de café não esteve relacionado ao crescimento da infraestrutura de transportes, pois todo o café produzido no Sudeste era consumido pelos paulistas.

8. Encontre no diagrama os nomes dos modais de transporte que receberam investimento a partir do século XX na Região Sudeste.

P	A	T	I	S	T	R	U	A	S	D	A	L	E	F
H	A	R	I	N	D	O	L	A	S	Ó	Z	I	N	X
I	I	A	V	I	O	D	U	O	L	A	R	C	G	L
D	G	V	E	O	P	O	V	L	A	R	I	E	O	I
R	R	E	N	A	T	V	O	L	I	A	S	A	H	B
O	O	A	G	Y	S	I	D	A	N	É	W	B	E	L
V	L	U	G	O	R	Á	Ê	T	A	O	R	I	A	U
I	I	O	T	E	L	R	Ã	Ç	U	L	A	X	U	S
Á	B	R	I	G	O	I	Ó	P	R	A	T	I	O	L
R	L	A	C	P	O	O	N	R	T	O	S	L	R	A
I	U	A	E	R	O	V	I	Á	R	I	O	T	E	S
O	U	M	A	S	T	I	C	A	S	I	A	F	B	Ç

- De que forma esses sistemas de transporte estiveram relacionados ao crescimento econômico e à urbanização na Região Sudeste?

_____
_____
_____
_____

9. Leia a frase abaixo e assinale a alternativa que a completa corretamente.

A ▓▓▓▓▓▓▓▓▓▓ é um processo incentivado por políticas públicas estaduais ou municipais que garantem medidas como a diminuição ou a isenção de impostos para que as indústrias estabeleçam suas sedes em seus territórios.

a) descentralização industrial.

b) centrifugação industrial.

c) desconcentração industrial.

d) fuga industrial.

10. Além da atividade industrial e de infraestrutura, a Região Sudeste concentra cerca de 40% da população do Brasil. Aponte uma consequência da elevada concentração populacional.

_____

_____

_____

_____

11. Considerando as informações dos gráficos abaixo, classifique as afirmativas a seguir em verdadeiras (V) ou falsas (F).

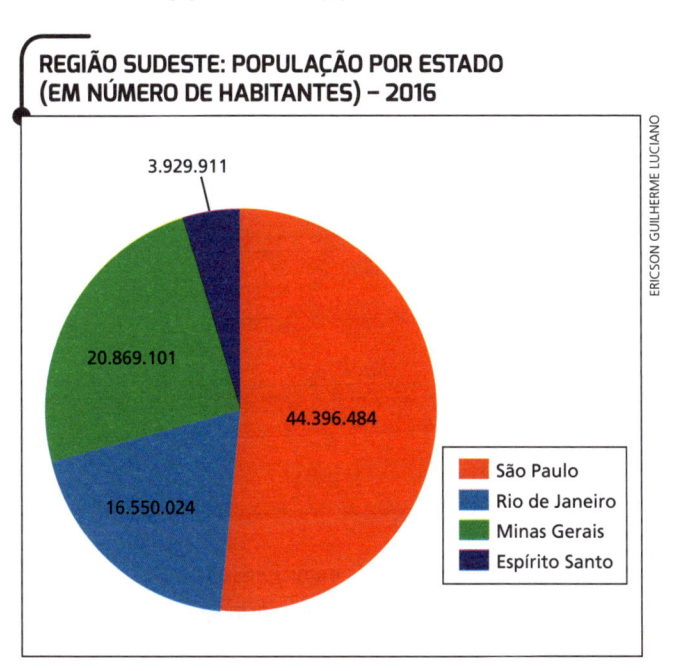

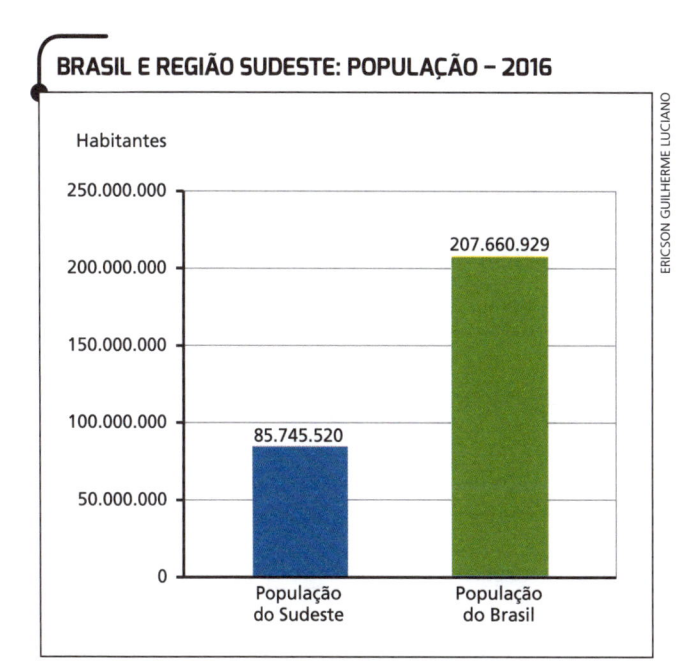

REGIÃO SUDESTE: POPULAÇÃO POR ESTADO (EM NÚMERO DE HABITANTES) – 2016
- São Paulo: 44.396.484
- Rio de Janeiro: 16.550.024
- Minas Gerais: 20.869.101
- Espírito Santo: 3.929.911

BRASIL E REGIÃO SUDESTE: POPULAÇÃO – 2016
- População do Sudeste: 85.745.520
- População do Brasil: 207.660.929

Fonte dos gráficos: IBGE. *Atlas geográfico escolar*. 7. ed. Rio de Janeiro: IBGE, 2016. p. 174.

( ) A população da Região Sudeste não chega a 50% do total da população brasileira e é, portanto, inexpressiva em âmbito nacional.

( ) A concentração de mais de 40% da população do Brasil na Região Sudeste denota índices elevados de densidade demográfica na região.

( ) Na Região Sudeste, o Espírito Santo é o estado que tem menor população e, por isso, não apresenta problemas relativos às aglomerações urbanas.

( ) Na Região Sudeste, o estado com maior população é São Paulo.

12. Leia o texto abaixo e complete a frase a seguir.

O deslocamento diário é uma necessidade para grande parte da população das grandes cidades. Frequentemente o transporte se torna um desafio para quem vive nesses centros urbanos e para aqueles que os governam. Cada vez mais, medidas eficazes e sustentáveis são necessárias para garantir qualidade de vida à população.

- O texto se refere à capacidade de deslocamento cotidiano dos indivíduos no espaço urbano, traduzido através do conceito de _____.

13. Complete as lacunas do texto com os termos adequados.

> empregos   áreas urbanas   residência   movimento pendular   áreas periféricas

O chamado _____ acontece devido à separação entre os locais de _____ e de trabalho da população. Os bairros mais centrais das _____ concentram mais _____, enquanto as moradias de preços mais acessíveis, que abrigam um número cada vez maior de trabalhadores, estão localizadas em _____.

14. Complete o esquema com informações sobre as cidades da Região Sudeste.

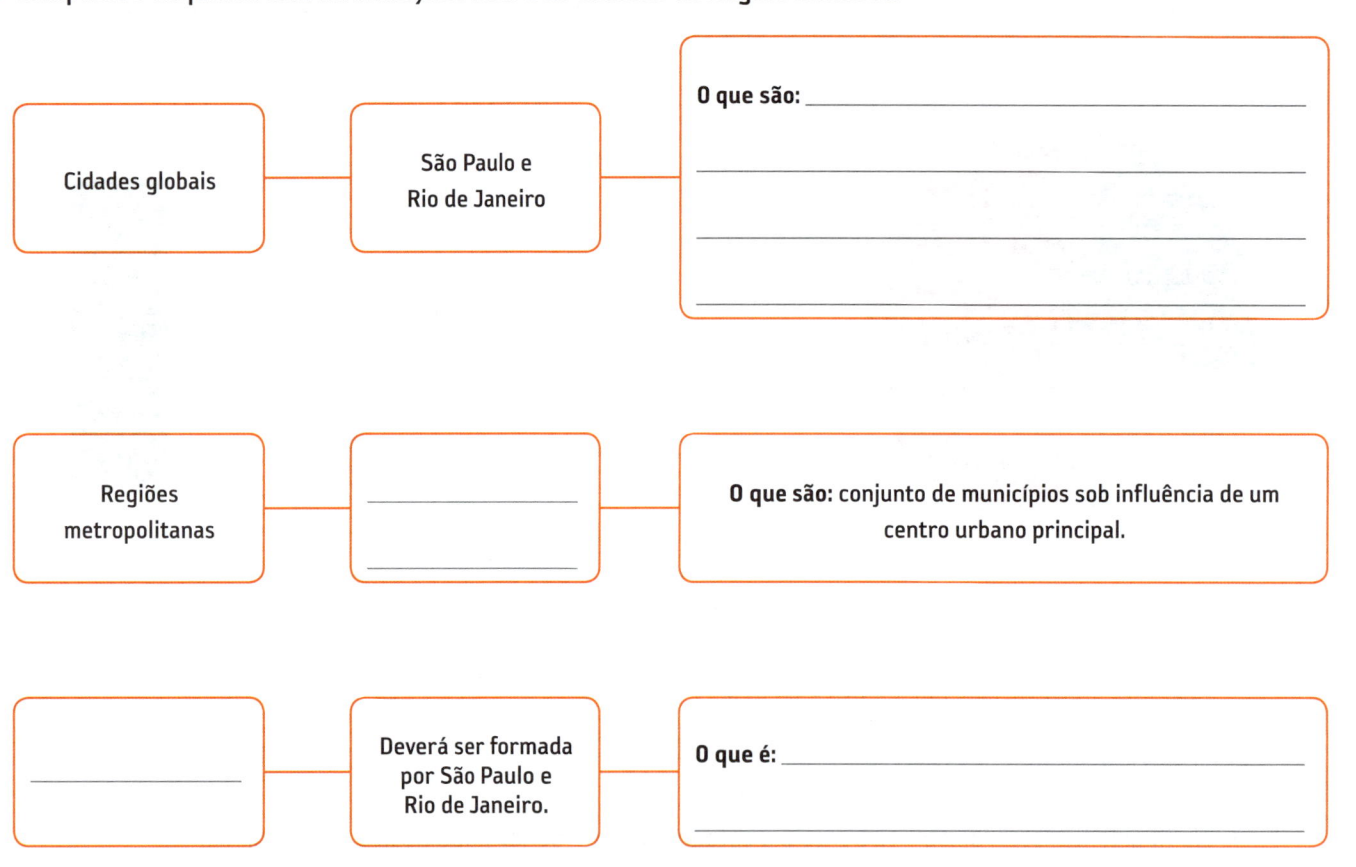

| Cidades globais | → | São Paulo e Rio de Janeiro | → | O que são: _____ |

| Regiões metropolitanas | → | _____ | → | O que são: conjunto de municípios sob influência de um centro urbano principal. |

| _____ | → | Deverá ser formada por São Paulo e Rio de Janeiro. | → | O que é: _____ |

15. Classifique as afirmativas a seguir em verdadeiras (V) ou falsas (F).

( ) Mais de 80% do petróleo nacional é produzido na Bacia de Campos, localizada entre entre o Espírito Santo e o Rio de Janeiro.

( ) O petróleo na Região Sudeste é extraído da bacia sedimentar do Rio Paraná, principalmente na região do município de Botucatu.

( ) A Região Sudeste, grande produtora de petróleo em escala nacional, consome poucos derivados desse recurso mineral por possuir uma grande frota de automóveis movidos a bioenergia.

( ) No litoral da Região Sudeste, encontra-se a camada pré-sal, uma reserva petrolífera que se encontra no Oceano Atlântico a grandes profundidades e sob uma camada de sal.

16. Leia e interprete o gráfico abaixo.

REGIÃO SUDESTE: PARTICIPAÇÃO NO PIB DO BRASIL (EM %) – 2015

Estado	%
Espírito Santo	2,0
Minas Gerais	8,7
Rio de Janeiro	11,0
São Paulo	32,4
Região Sudeste	54,1

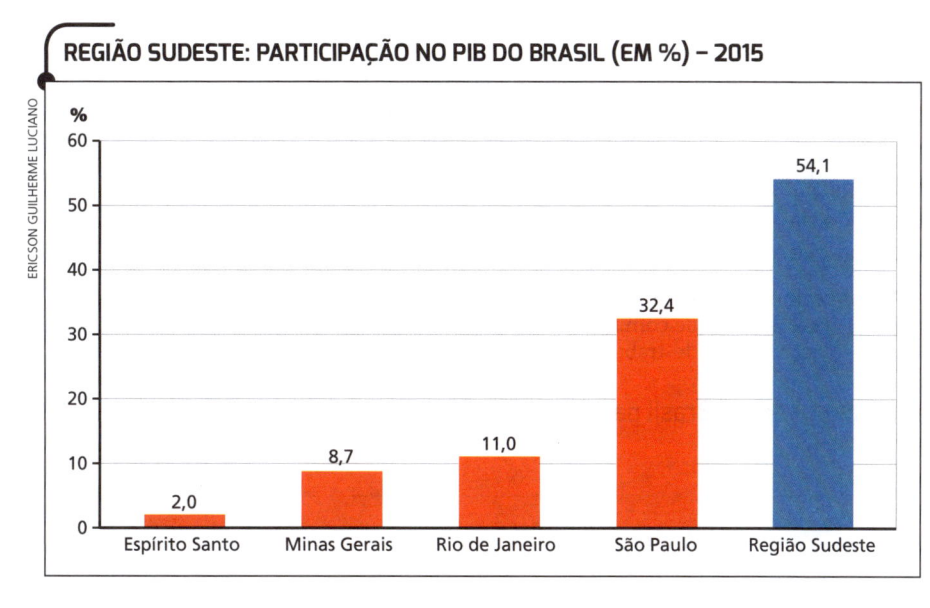

Fonte: IBGE. *Sistema de Contas Regionais*: Brasil 2015. Disponível em: <https://biblioteca.ibge.gov.br/visualizacao/livros/liv101307_informativo.pdf>. Acesso em: 20 jun. 2018.

a) Que atividades econômicas fazem com que o PIB da Região Sudeste tenha uma participação muito expressiva no PIB brasileiro?

_____

_____

b) Qual estado da Região Sudeste tem maior participação no seu PIB? O que explica essa elevada participação?

_____

_____

17. Complete o esquema com informações sobre as atividades econômicas do Sudeste.

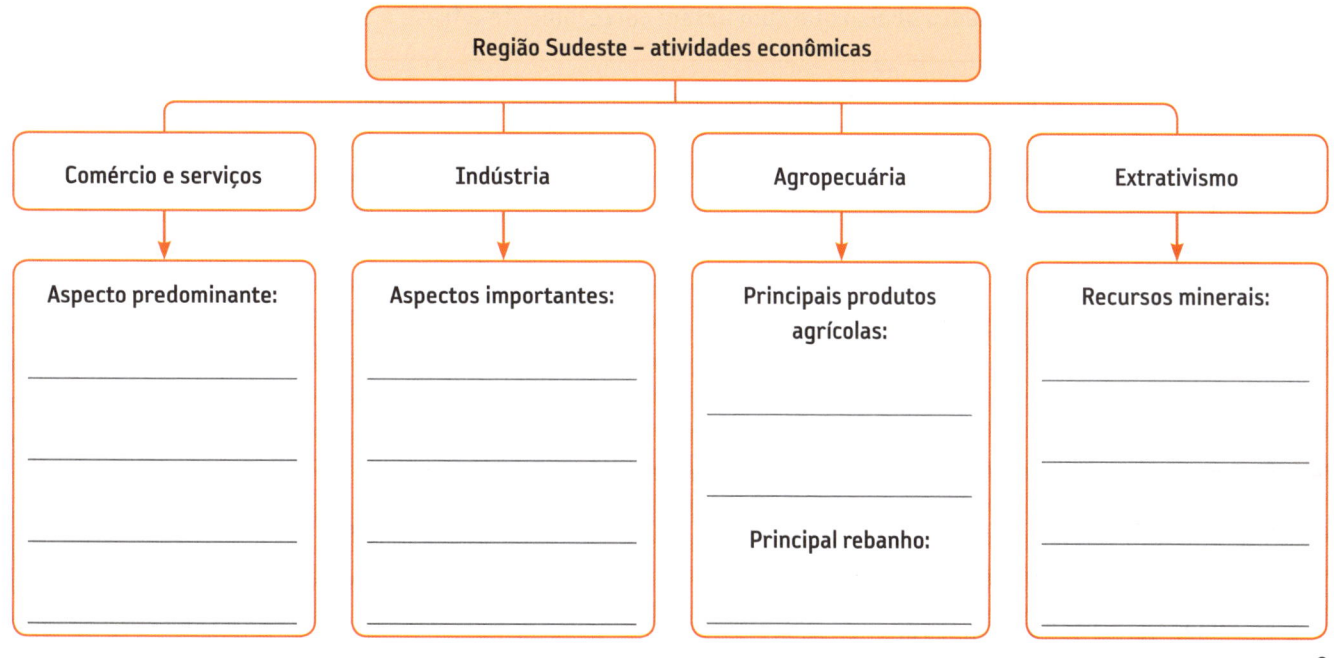

Região Sudeste – atividades econômicas

- **Comércio e serviços**
  - Aspecto predominante:

- **Indústria**
  - Aspectos importantes:

- **Agropecuária**
  - Principais produtos agrícolas:
  - Principal rebanho:

- **Extrativismo**
  - Recursos minerais:

18. Leia a reportagem e depois responda às questões.

SP: agropecuária, setor têxtil e construção lideram casos de trabalho escravo

Pesquisa do governo paulista revela que a maior parte dos casos de vítimas de trabalho análogo à escravidão em São Paulo ocorre no setor têxtil, na agropecuária e na construção civil. [...]

O mapeamento a partir dos processos do Ministério Público Federal revela ainda que, nos casos em que é possível identificar a origem das vítimas, 43% vieram de outros países, sendo a maior parte da Bolívia. Os trabalhadores do país latino correspondem a 16 dos 20 casos. A maior área de exploração é o setor têxtil, com 14 ocorrências.

MACIEL, Camila; BOCCHINI, Bruno. SP: agropecuária, setor têxtil e construção lideram casos de trabalho escravo. EBC, 28 jan. 2015. Disponível em: <http://www.ebc.com.br/cidadania/2015/01/sp-agropecuaria-setor-textil-e-construcao-lideram-casos-de-trabalho-escravo>. Acesso em: 16 ago. 2018.

a) Por que trabalhadores de países vizinhos vêm ao Brasil para trabalhar?

_____

_____

b) A maior parte das vítimas do trabalho análogo à escravidão é oriunda de que país?

_____

_____

c) O que poderia ser feito para proteger os trabalhadores migrantes das condições degradantes de trabalho?

_____

_____

_____

19. Escolha as palavras do quadro abaixo que completam corretamente a frase a seguir.

| ouro   desenvolvimento econômico   Tocantins   diamantes   Minas Gerais   desenvolvimento agrícola |

Durante o século XVIII, em _____, o extrativismo de _____ e _____ contribuiu para a formação de algumas cidades, além de ser fundamental para um importante _____ na região.

20. Os tecnopolos, grandes centros de alta tecnologia, estão concentrados em:

a) São Paulo e Rio de Janeiro.

b) São Paulo e interior de São Paulo.

c) Minas Gerais e Rio de Janeiro.

d) Minas Gerais e São Paulo.

e) Rio de Janeiro e Minas Gerais.

UNIDADE 7 BRASIL: REGIÃO SUL

RECAPITULANDO

- O relevo da Região Sul é caracterizado pelo predomínio de planaltos, marcados pela presença de serras e chapadas.
- Os campos gaúchos abrangem uma grande área de baixas altitudes e longas planícies fluviais.
- A hidrografia é composta de rios perenes, utilizados para navegação, irrigação, consumo e geração de energia elétrica. Neste último caso, destaca-se o Rio Paraná, onde se localiza a usina binacional de Itaipu (Paraguai e Brasil).
- A Região Sul também se destaca por abrigar parte considerável do Aquífero Guarani.
- A zona climática predominante é a Temperada do Sul, com predomínio do clima subtropical. Entre as formações vegetais, destacam-se a Mata de Araucárias, a Mata Atlântica e os campos.
- Em comparação às outras regiões brasileiras, a população da Região Sul é mais bem distribuída no território, e grande parte dos municípios apresenta bons indicadores sociais.
- Historicamente, a ocupação da região está relacionada a dois movimentos populacionais: o das missões jesuíticas e a imigração europeia ocorrida no século XIX.
- No século XVIII, as missões jesuíticas foram destruídas, e o gado, abandonado. A região tornou-se atrativa para pessoas de outras localidades, que começaram a desenvolver a pecuária.
- Durante os séculos XVIII e XIX, em especial neste, a imigração de europeus – principalmente italianos e alemães – consolidou a ocupação do território da Região Sul.
- Atualmente, a população da Região Sul é predominantemente urbana.
- Historicamente, observa-se a migração da população do Sul para outras regiões do país, como a Norte, a Centro-Oeste e a Nordeste.
- Em relação às outras regiões do Brasil, a Região Sul apresenta indicadores de desenvolvimento social elevados e os estados sulinos reúnem os maiores Índices de Desenvolvimento Humano Municipais (IDHM) do Brasil.
- A produção agrícola do Sul é bastante diversificada devido ao predomínio de médias e pequenas propriedades onde se pratica a policultura.
- A pecuária se caracteriza pela intensa criação de suínos e aves.
- No extrativismo, destaca-se o carvão mineral, extraído principalmente em Santa Catarina.
- Industrialmente, destacam-se os setores metalúrgico, alimentício, calçadista, têxtil, moveleiro e de bebidas.
- No setor de serviços, destaca-se o turismo, incentivado sobretudo pela presença de atrativos naturais, como as Cataratas do Rio Iguaçu e a costa litorânea.

1. Complete o esquema sobre os campos gaúchos e depois responda à questão.

> **Campos gaúchos**
>
> **Principais características:**
> _____
> _____
> _____
> _____
> _____

- Quais atividades econômicas predominam nos campos gaúchos?
  _____

2. Considerando a hidrografia da Região Sul, assinale (V) para verdadeiro e (F) para falso.

   ( ) Devido à ocorrência das serras do Mar e Geral, próximas à costa, parte expressiva da hidrografia da região corre em direção ao interior.

   ( ) A configuração dos rios de planalto impossibilita o aproveitamento da hidrografia para a geração de energia elétrica.

   ( ) As bacias hidrográficas dos rios Paraguai, Paraná e Uruguai são aproveitadas para navegação, irrigação, consumo e geração de energia elétrica.

   ( ) O relevo de altitude, observado principalmente no oeste da Região Sul, se origina da mesma estrutura da Cordilheira dos Andes e leva toda a hidrografia da região a correr no sentido Oeste-Leste.

   ( ) O Rio Paraná é de grande importância na integração regional entre os estados que compõem a Região Sul e entre o Brasil e os países vizinhos.

3. Complete o esquema sobre o Aquífero Guarani e depois responda à questão.

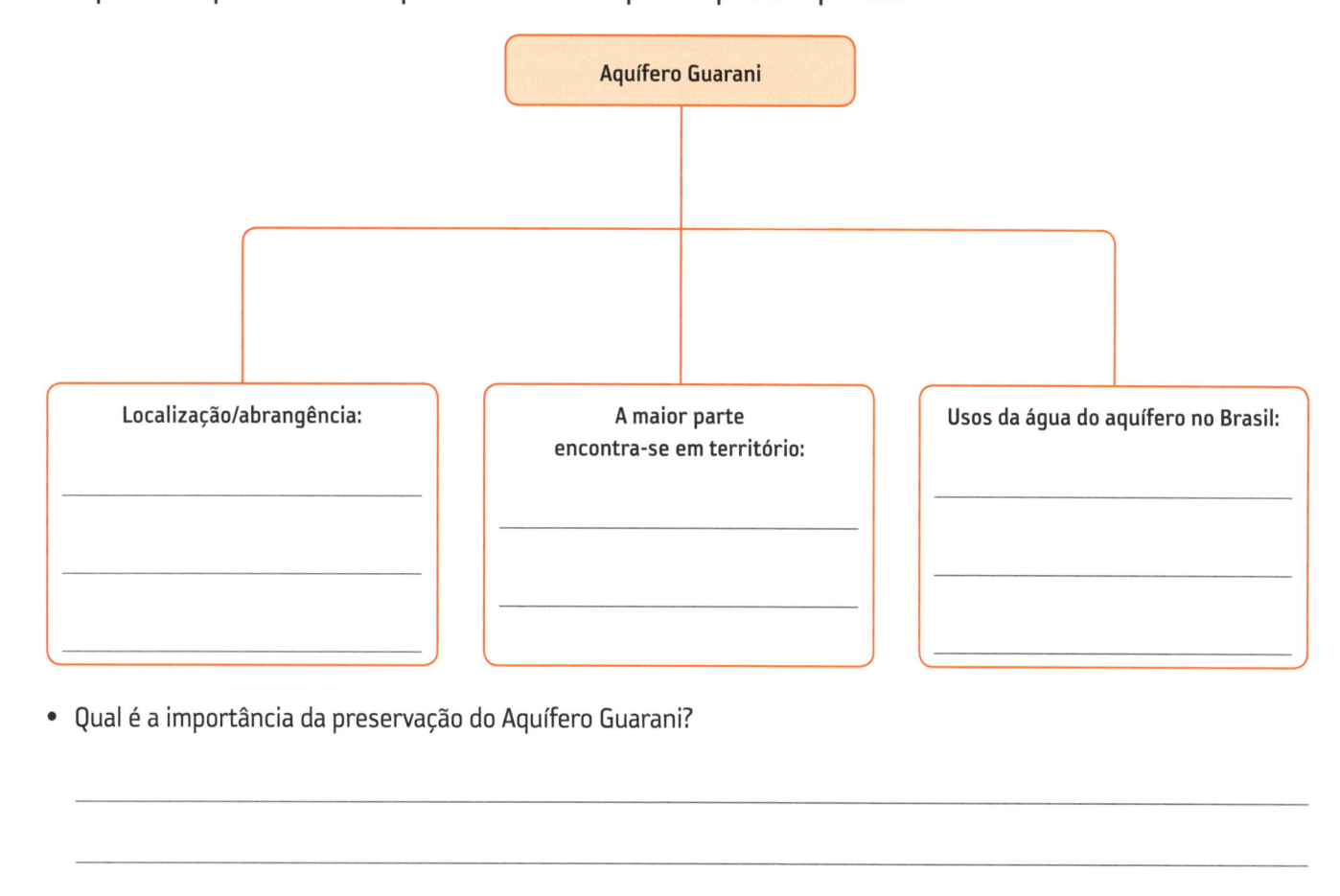

```
                    Aquífero Guarani
        ┌────────────────┼────────────────┐
  Localização/      A maior parte       Usos da água do
  abrangência:      encontra-se em      aquífero no Brasil:
                    território:
```

- Qual é a importância da preservação do Aquífero Guarani?

_____

_____

_____

4. Observe o mapa e responda às questões.

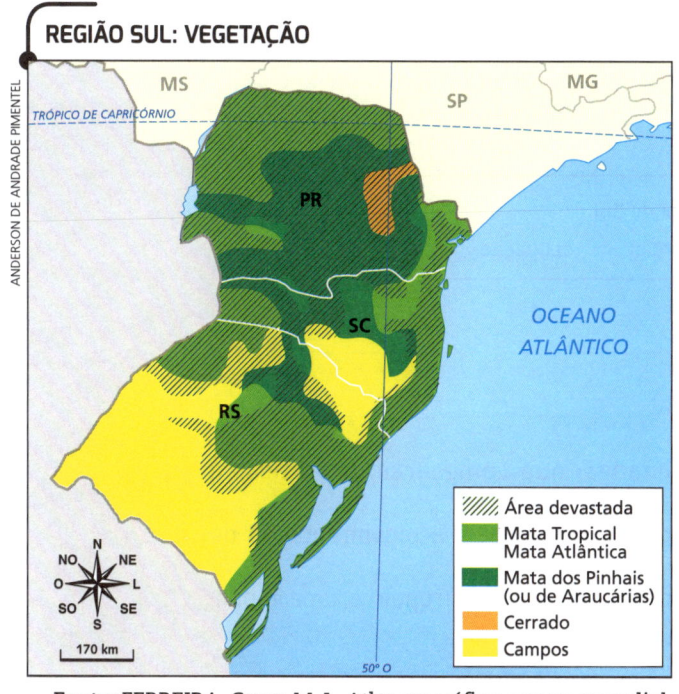

REGIÃO SUL: VEGETAÇÃO

Legenda:
- Área devastada
- Mata Tropical / Mata Atlântica
- Mata dos Pinhais (ou de Araucárias)
- Cerrado
- Campos

Fonte: FERREIRA, Graça M. L. *Atlas geográfico*: espaço mundial. 4. ed. São Paulo: Moderna, 2013. p. 125.

a) Quais formações vegetais podem ser encontradas na Região Sul?

_____

_____

_____

b) De acordo com o mapa, qual formação vegetal foi menos devastada na Região Sul?

_____

_____

c) Que atividades humanas ameaçam as formações vegetais da região?

_____

_____

65

5. Assinale a alternativa que apresenta o clima predominante na Região Sul e responda à questão.

a) Clima tropical de altitude.

b) Clima temperado Sul.

c) Clima tropical frio.

d) Clima subtropical.

- Quais são as principais características do clima assinalado?

_____

_____

_____

_____

6. Assinale a alternativa correta em relação à Região Sul.

a) O mais importante porto da Região Sul é o de Paranaguá, no Paraná; a maior cidade de Santa Catarina é Blumenau; a mais importante região industrial está em Santa Catarina.

b) O mais importante porto da Região Sul é o de Paranaguá, no Paraná; a cidade mais populosa de Santa Catarina é Joinville; a maior parte da população do Rio Grande do Sul se concentra ao redor de Porto Alegre.

c) Caxias do Sul se destaca como centro agropecuário no Rio Grande do Sul; Curitiba, Umuarama, São José dos Pinhais e Maringá são os principais polos industriais do Paraná.

d) A maior concentração industrial no Rio Grande do Sul está em Santa Maria e Porto Alegre; a área urbana mais populosa dessa região é Curitiba; Santa Catarina tem uma população predominantemente rural.

7. Complete o texto com os termos adequados.

> pecuária   Rio Grande do Sul
> gado   tropeiros   rota comercial   ocupação

Quando as missões jesuíticas foram destruídas, o _____ que eles criavam passou a viver livremente pelas terras do atual _____, atraindo para a região habitantes de outras localidades, que começaram a praticar a _____. Esse povoamento deu origem à movimentação de _____, que abriam rotas e estradas. O Caminho dos Tropeiros, uma importante _____, foi fundamental para a _____ e o domínio português no sul do Brasil.

8. Historicamente, dois movimentos populacionais influenciaram a ocupação da Região Sul. Ligue cada um deles às suas características principais.

[Missionários jesuítas]

[Imigrantes europeus]

a) Ocupação de pequenas propriedades rurais com o objetivo de garantir o povoamento do território.

b) Praticavam a agricultura e a criação animal e o trabalho era coletivo.

c) No século XIX, eram grupos formados principalmente por alemães e italianos.

d) Povoamentos deram origem aos Sete Povos das Missões.

e) Praticavam a agricultura de subsistência.

9. Principalmente no século XIX, imigrantes se direcionaram à Região Sul incentivados por políticas de povoamento. Sobre esses imigrantes é correto afirmar que:

a) eram principalmente holandeses e sofreram forte preconceito ao tentar desenvolver a cultura da cana-de-açúcar na região.

b) os dois principais grupos eram compostos de alemães, responsáveis pelas fundações das cidades de Blumenau e Joinville, e italianos, que fundaram as cidades de Garibaldi e Caxias do Sul.

c) primeiro vieram os italianos, que não se adaptaram à região e voltaram ao seu país de origem. Em seguida vieram os alemães e fundaram muitas cidades, principalmente no Paraná.

d) assim que chegaram à Região Sul, os italianos fundaram a cidade de Brusque, reconhecida pelo pioneirismo na instalação de ferrovia em território nacional.

10. Observe a foto e responda às questões.

Antiga estação em Santa Maria, no Rio Grande do Sul. Foto de 2016.

a) A foto retrata a estação de um meio de transporte estratégico para o desenvolvimento da Região Sul durante o século XIX e o início do século XX. Qual é esse meio de transporte?

_____

b) Atualmente, que via de transporte é estratégica no desenvolvimento econômico da região e de que forma?

_____
_____
_____
_____
_____
_____

11. Marque as frases com V para verdadeiro e F para falso.

( ) A população da Região Sul é majoritariamente urbana.

( ) A participação da população da Região Sul na população total brasileira vem crescendo nos últimos anos.

( ) Grande número de pessoas migrou, nos últimos anos, da Região Sul para as Regiões Centro-Oeste, Norte e Nordeste.

( ) A busca por postos de trabalho no setor industrial move a maior parte do deslocamento de pessoas que deixam a Região Sul.

( ) A dificuldade de acesso à terra é um dos motivos do deslocamento de pessoas da Região Sul para outras regiões.

12. Observe o gráfico e faça o que se pede.

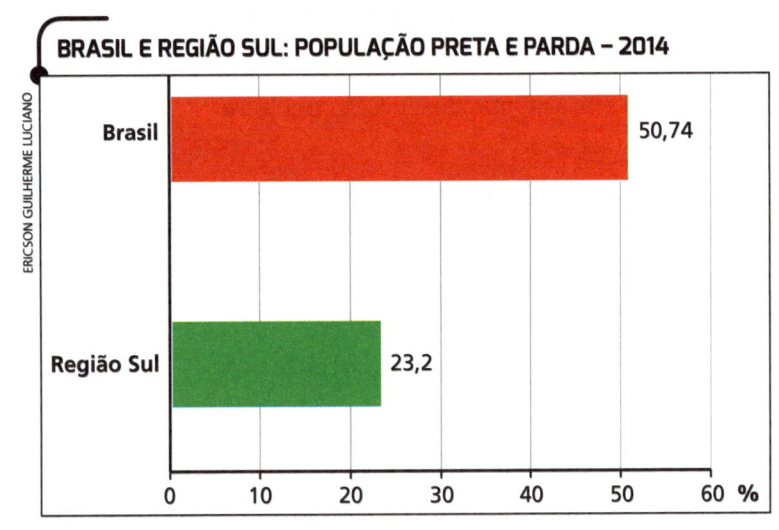

BRASIL E REGIÃO SUL: POPULAÇÃO PRETA E PARDA – 2014

Brasil: 50,74
Região Sul: 23,2

Fonte: IBGE. *Síntese de indicadores sociais – 2015*. Disponível em: <https://biblioteca.ibge.gov.br/visualizacao/livros/liv95011.pdf>. Acesso em: 10 set. 2018.

- A porcentagem de pessoas pretas e pardas na população da Região Sul é semelhante à porcentagem registrada no total da população brasileira? Explique por que isso ocorre.

_____

_____

_____

_____

13. Complete o esquema com os indicadores que servem de base de cálculo para o Índice de Desenvolvimento Humano Municipal.

Índice de Desenvolvimento Humano Municipal – calculado com base em:

☐ _____   ☐ _____   ☐ _____

14. Com base nos dados da tabela abaixo, assinale a alternativa correta.

Brasil: *Ranking* IDHM – 2010		
Posição	Unidade da Federação	IDHM
1º	Distrito Federal	0,824
2º	São Paulo	0,783
3º	Santa Catarina	0,774
4º	Rio de Janeiro	0,761
5º	Paraná	0,749
6º	Rio Grande do Sul	0.746

Fonte: PNUD. *Ranking* IDHM Unidades da Federação 2010. Disponível em: <http://www.br.undp.org/content/brazil/pt/home/idh0/rankings/idhm-uf-2010.html>. Acesso em: 26 jul. 2018.

a) A Região Sul apresenta indicadores sociais elevados em comparação às demais regiões brasileiras.

b) O elevado IDHM dos municípios que compõem os estados da Região Sul do Brasil confirma que essa região está praticamente isenta de desigualdade social, desemprego e insegurança urbana.

c) Apesar de indicar a baixa mortalidade infantil, o IDHM não considera nenhum índice de educação, camuflando os elevados indicadores da Região Sul.

d) O IDHM traduz fielmente a qualidade de vida da população da Região Sul e justifica o grande aumento populacional na região nas últimas décadas.

15. Complete adequadamente as lacunas do texto com as palavras e expressões abaixo.

> concentração de terras   migração   indicadores sociais
> mortalidade infantil   fronteira agrícola   expectativa de vida

A população urbana da Região Sul tem diminuído nas últimas décadas. Essa diminuição é explicada pela _____ de grande número de habitantes para outras regiões do Brasil. Entre as principais causas estão: planos de ocupação federais (1964-1984) nas regiões Norte e Centro-Oeste; expansão da _____ em áreas de cerrado no Centro-Oeste; processo de _____ no Sul.

Entre as regiões brasileiras, a Região Sul é a que apresenta melhores _____. Dados de 2015 confirmam que as menores taxas de _____ e a maior _____ do Brasil estão nos estados sulinos.

16. Complete o esquema.

Produção agropecuária da Região Sul

Agricultura

Cultivo de maçãs no município de Fraiburgo (SC, 2016).

Pecuária

Criação de suínos no município de Cambé (PR, 2016).

Características da maioria das propriedades agrícolas:

_____
_____
_____
_____

Principais cultivos:

_____
_____
_____
_____

Principais empresas do setor:

_____
_____
_____
_____

Principais criações:

_____
_____
_____
_____

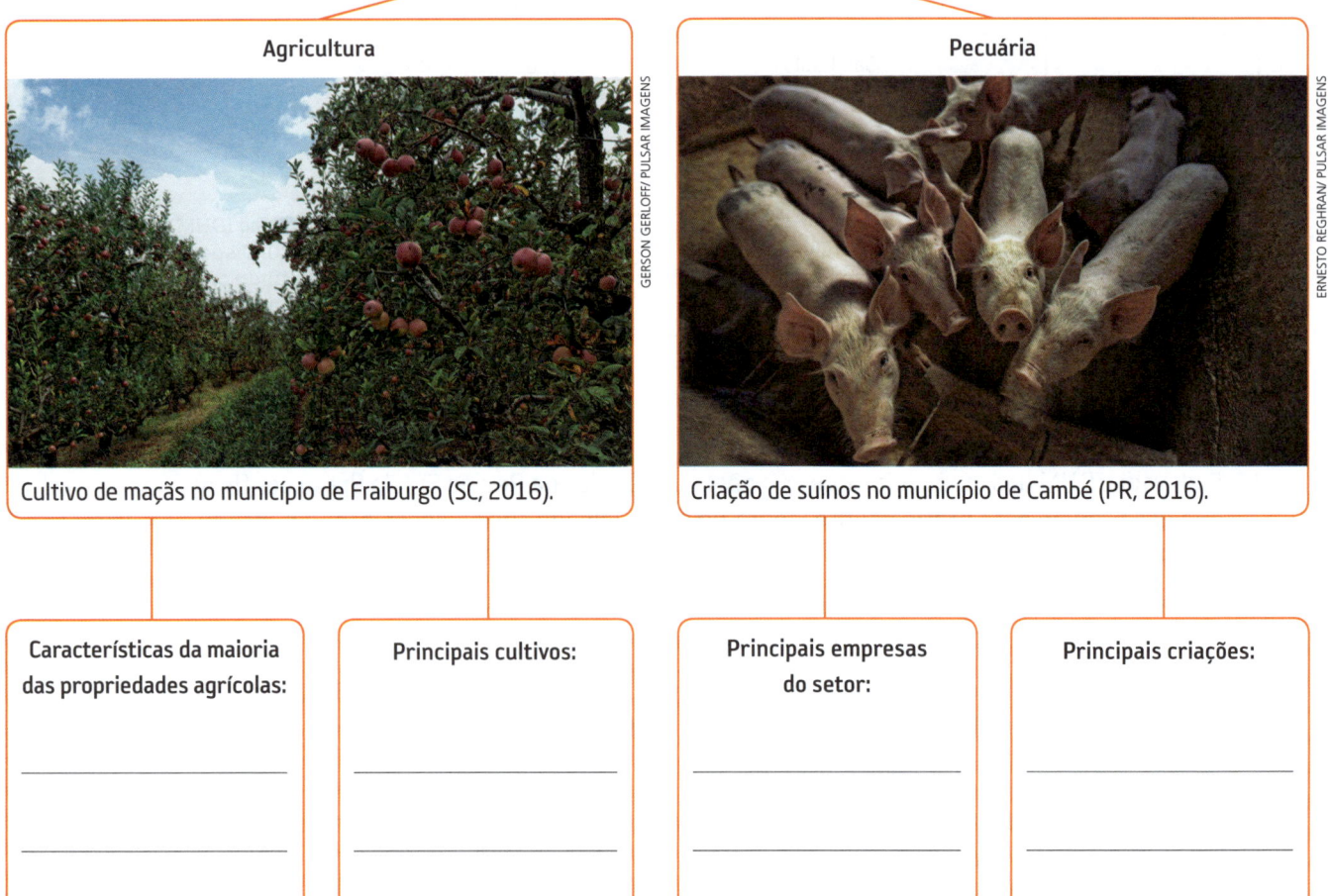

17. Circule os termos relacionados com as principais características da pecuária bovina da Região Sul e depois escreva um pequeno texto sobre esse tema, utilizando os termos selecionados.

carne   intensiva   extensiva   frigoríficos

direcionada ao consumo *in natura*   couro   abastecer a indústria alimentícia   leite

_____
_____
_____
_____

18. Preencha o esquema a seguir com informações sobre o extrativismo de carvão mineral na Região Sul do Brasil.

Região Sul: extração de carvão mineral

Transporte ferroviário de carvão retirado das minas em Siderópolis (SC, 2016).

Estado de maior produção: _____

_____

Principal uso do carvão: _____

_____

Expressividade da produção no cenário nacional:

_____

19. Complete as lacunas do texto.

A Região Sul do Brasil tem um parque industrial diversificado. A boa _____ existente na região favorece o _____ dessa atividade produtiva. Nessa região, destacam-se os setores _____, alimentício, _____, têxtil, moveleiro e de bebidas.

20. As fotos retratam algumas localidades da Região Sul que atraem o turismo. Pelas suas paisagens, que tipo de turismo deve ocorrer nessas localidades? Qual é a importância do turismo para a composição do PIB dessa região? Explique.

Cânion Itaimbezinho, no município de Cambará do Sul, no estado do Rio Grande do Sul.

Paisagem das Cataratas do rio Iguaçu, no município de Foz do Iguaçu, no estado do Paraná.

Pico da Coroa, na praia Lagoinha do Leste, no município de Florianópolis, no estado de Santa Catarina.

_____

_____

_____

UNIDADE 8 REGIÃO CENTRO-OESTE

RECAPITULANDO

- Na Região Centro-Oeste predominam os planaltos. Também existem depressões e planícies, sendo a maior delas a Planície do Pantanal.

- A maioria dos rios é perene, apresenta trechos navegáveis e potencial para a geração de energia elétrica.

- O clima predominante na Região Centro-Oeste é o tropical, com verões quentes e chuvosos e invernos frios e secos.

- No Centro-Oeste, encontra-se o Pantanal, planície drenada por muitos rios e onde há espécies vegetais e animais de Mata Atlântica, Floresta Amazônica e cerrado.

- A intensificação da ocupação do território da Região Centro-Oeste ocorreu durante o século XX e esteve relacionada à construção de Brasília, a projetos de povoamento implantados pelos governos federal e estadual e à construção da ferrovia Noroeste e de rodovias que ligam o Distrito Federal a diversos pontos do país.

- Historicamente, a dinâmica comercial da Bacia do Rio da Prata integra a região a países vizinhos, como o Paraguai, o Uruguai, a Argentina e a Bolívia.

- A Região Centro-Oeste registrou um período de intenso crescimento econômico e demográfico entre as décadas de 1970 e 1980. Esse crescimento esteve relacionado ao aumento de investimentos e à instalação de empresas agroindustriais na região.

- O desenvolvimento econômico da Região Centro-Oeste está relacionado sobretudo à expansão e modernização da atividade agrícola (sobretudo de soja) e à pecuária bovina.

- A pecuária, atividade tradicional na região, é favorecida pela proximidade a grandes mercados consumidores, como a Região Sudeste.

- Na prática extrativista, predominam o látex, a madeira, o ferro e o manganês.

- As atividades de prestação de serviços estão relacionadas principalmente ao turismo, incentivado pelos atrativos naturais e pelo patrimônio histórico-cultural.

- Na Região Centro-Oeste, vivem diferentes comunidades e populações tradicionais, como os indígenas, os seringueiros, os pantaneiros, os quilombolas, os pantaneiros, os castanheiros, entre outras.

- Na Planície do Pantanal, os pantaneiros, que sobrevivem da pesca, do extrativismo e da criação de gado, têm seu modo de vida influenciado pelo regime das chuvas e dos alagamentos.

- As comunidades tradicionais do Centro-Oeste enfrentam diversos problemas, como a dificuldade de acesso à terra e a destruição da vegetação provocada pelo desmatamento para a agropecuária.

1. Preencha o esquema abaixo com informações sobre as principais características do relevo da Região Centro-Oeste do Brasil.

```
                    Relevo da Região Centro-Oeste
                   /                              \
     Nos planaltos, ocorrem              Principal área de planície é a
     _____              _____
     _____              _____

     Predominam altitudes              Altitudes máximas
     entre 200 e 800 metros.           próximas a 100 metros.
```

Vista de trecho do Parque Nacional da Chapada dos Guimarães.

Vista de trecho do Pantanal.

2. Encontre no diagrama os nomes das principais bacias hidrográficas que banham a Região Centro-Oeste e depois responda à questão.

T	A	G	A	R	Á	-	P	E	M	O	F	U	T	U	P	E	S
I	S	U	P	A	R	A	I	B	G	T	R	-	O	Á	A	T	A
E	U	S	-	M	A	C	N	A	A	R	U	F	P	P	R	A	L
T	P	A	R	A	N	Á	H	N	P	E	G	R	O	I	A	P	Y
E	R	M	F	Z	U	-	E	E	É	S	O	V	R	A	G	L	E
F	I	O	U	O	Á	Y	I	H	A	C	T	S	P	G	U	U	A
T	O	C	A	N	T	I	N	S	-	A	R	A	G	U	A	I	A
O	C	R	A	A	S	D	O	U	B	T	A	B	E	S	I	T	F
C	A	O	S	S	-	Á	S	A	E	A	U	I	N	A	R	R	E

- Quais são as principais características dos rios da Região Centro-Oeste?

_____

_____

3. Complete o esquema com informações sobre o clima predominante na Região Centro-Oeste.

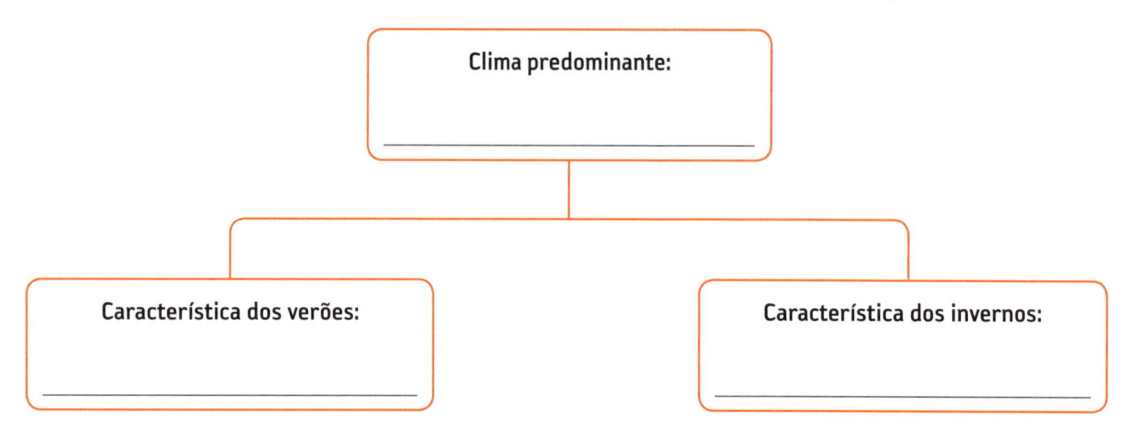

Clima predominante: _____

Característica dos verões: _____

Característica dos invernos: _____

4. Outros dois tipos de clima exercem influência na Região Centro-Oeste. Escreva os nomes deles de acordo com as áreas de ocorrência.

   a) Sul de Mato Grosso do Sul: _____

   b) Norte de Mato Grosso: _____

5. No Pantanal podem ser encontradas espécies vegetais e animais características de três formações vegetais diferentes. Circule no quadro abaixo os nomes dessas formações. Depois, responda à questão.

Mata de Cocais	Mata Atlântica	campos	cerrado
Pantanal	Mata de Araucárias	Floresta Amazônica	caatinga

- Quais são as principais características do Pantanal?

_____
_____
_____
_____

6. Assinale a alternativa que apresenta as principais atividades econômicas que podiam ser encontradas em parte da Região Centro-Oeste durante o século XVIII.

   a) Industrialização e pecuária.

   b) Pecuária e mineração.

   c) Cultivo da cana-de-açúcar e busca pelas drogas do sertão.

   d) Pecuária e busca pelas drogas do sertão.

7. Ligue cada tipo fisionômico encontrado no cerrado brasileiro às suas principais características.

Campo limpo	Cobertura constituída de árvores esparsas, distantes umas das outras.
Campo sujo	Área com predomínio de espécies herbáceas e algumas arbustivas.
Campo cerrado	Campo com predomínio de gramíneas.
Cerrado típico	Área com grande quantidade de árvores que podem chegar a 15 metros de altura.
Cerradão	Conjunto caracterizado pela presença de árvores baixas, a maioria com altura inferior a 12 metros, inclinadas, tortuosas, com ramificações irregulares e retorcidas.

8. Complete as lacunas.

A construção da Ferrovia Noroeste do Brasil, que interligava Corumbá, no estado de _____, a Bauru, em São Paulo, foi uma iniciativa do Estado brasileiro, que buscava reorientar o _____ regional e garantir a integração entre áreas da Região Centro-Oeste e o _____.

9. Observe a imagem abaixo e responda.

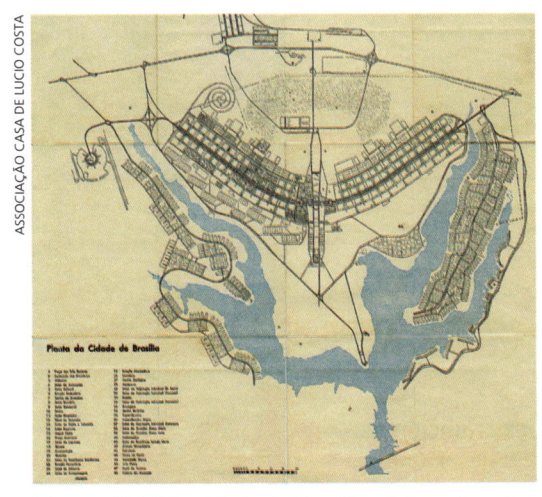

Planta oficial da cidade de Brasília, elaborada entre 1950 e 1959.

a) Por que o Plano Piloto de Brasília recebeu esse nome?

_____
_____

b) Qual foi a importância da construção de Brasília para a integração da Região Centro-Oeste às outras regiões brasileiras?

_____
_____
_____
_____
_____

10. Assinale a alternativa correta sobre o crescimento econômico e demográfico da Região Centro-Oeste ocorrido nas décadas de 1970 e 1980.

a) Foi impulsionado pela atividade do extrativismo vegetal do látex.

b) Teve início a partir de 1970, com a construção da Usina Hidrelétrica de Itaipu, que gerou grande fluxo migratório de trabalhadores da construção civil.

c) Aconteceu predominantemente a partir de 1970 e foi impulsionado por investimentos agroindustriais e pela expansão da fronteira agrícola.

d) Iniciou-se quando o gado abandonado nas missões jesuíticas chamou a atenção de comerciantes de couro e charque.

11. Em 2012, foi promulgada a lei de Proteção da Vegetação Nativa, conhecida também como Novo Código Florestal Brasileiro. Esta lei, apesar do nome, recebeu sérias críticas da sociedade, pois diminuiu as restrições que já existiam à exploração das vegetações nativas do Brasil. Ainda assim, o artista Dum produziu a charge abaixo. Interprete-a e responda à questão a seguir.

- Qual é a crítica que o autor faz na charge?

_____

_____

_____

12. Algumas consequências do desmatamento são:

( ) a perda de biodiversidade e o empobrecimento dos solos.

( ) o desenvolvimento sustentável e a valorização das comunidades tradicionais.

( ) a conservação ambiental e o uso racional de recursos naturais.

( ) a preservação dos direitos dos povos originários e a garantia da demarcação de terras.

13. Complete o esquema abaixo com os fatores que contribuíram para o desenvolvimento da agricultura na Região Centro-Oeste no século XX.

[Fatores que favoreceram o desenvolvimento da agricultura na Região Centro-Oeste]
→ _____
→ _____
→ _____

14. Complete o esquema abaixo com informações sobre o uso de técnicas de correção do solo na Região Centro-Oeste.

[Correção do solo no Centro-Oeste brasileiro]
- O que é: _____
- Finalidade: _____
- Desvantagens: _____

15. Assinale a alternativa incorreta sobre a pecuária na Região Centro-Oeste. Depois, reescreva a frase, corrigindo o erro.

a) É uma das atividades econômicas mais antigas praticadas na região.

b) Concentra o maior rebanho bovino do Brasil; a criação de suínos é inexpressiva.

c) É favorecida pela proximidade com o grande mercado consumidor do Sudeste.

d) A prática causa problemas ambientais relacionados ao desmatamento.

_____
_____
_____

16. Ligue as colunas com informações sobre o extrativismo na Região Centro-Oeste.

Tipo de extrativismo	Exemplo	Área de exploração
Mineral	(seringueira/látex)	Norte da Região Centro-Oeste, onde está a Floresta Amazônica.
Vegetal	(garimpo/mineração)	Serra do Urucum, no Mato Grosso do Sul.

17. Complete as lacunas do texto com os termos adequados.

> atrativos naturais   ecoturismo   histórico-cultural   Pantanal

O _____ é uma atividade econômica do setor de serviços que se destaca na Região Centro-Oeste. Além de _____, como a Chapada dos Guimarães, a Chapada dos Veadeiros e o _____, algumas cidades da Região abrigam importante patrimônio _____.

18. Leia o trecho da reportagem abaixo e assinale a alternativa correta.

Centro-Oeste lidera produção agrícola brasileira

O Centro-Oeste deve liderar mais uma vez a produção agrícola brasileira. [...]. A soja e o milho são as principais culturas do Centro-Oeste. Entre os estados, Mato Grosso aparece como maior produtor, com a colheita estimada em 52,7 milhões de toneladas.

MINISTÉRIO DE AGRICULTURA, PECUÁRIA E ABASTECIMENTO. Disponível em: <http://www.agricultura.gov.br/noticias/centro-oeste-lidera-producao-agricola-brasileira>. Acesso em: 28 jul. 2018.

O avanço das áreas de cultivo de soja no Centro-Oeste traz grandes problemas ambientais e sociais para a região. Estão entre eles:

a) desequilíbrio hídrico e barateamento do produto em âmbito internacional.

b) ameaça à Mata de Araucárias e fragilização do extrativismo do pinhão.

c) ameaça à manutenção da árvore do açaí e desterritorialização dos sertanejos.

d) ameaça ao cerrado e aos direitos das populações e comunidades tradicionais.

19. Para resolver a cruzadinha a seguir, identifique a quais comunidades tradicionais encontradas na Região Centro-Oeste se referem as frases abaixo.

a) Comunidade tradicional extrativista que se dedica à coleta de um tipo de castanha:

___

b) Comunidade formada pelos descendentes de povos originários do Brasil:

___

c) Comunidade tradicional do Pantanal que vive da pesca, do extrativismo e da criação de gado:

___

d) Comunidade tradicional que se origina dos remanescentes de quilombos:

___

e) Comunidade tradicional que sobrevive da extração de látex:

___

COMUNIDADES * TRADICIONAIS

20. Preencha o esquema abaixo com informações sobre o Pantanal.

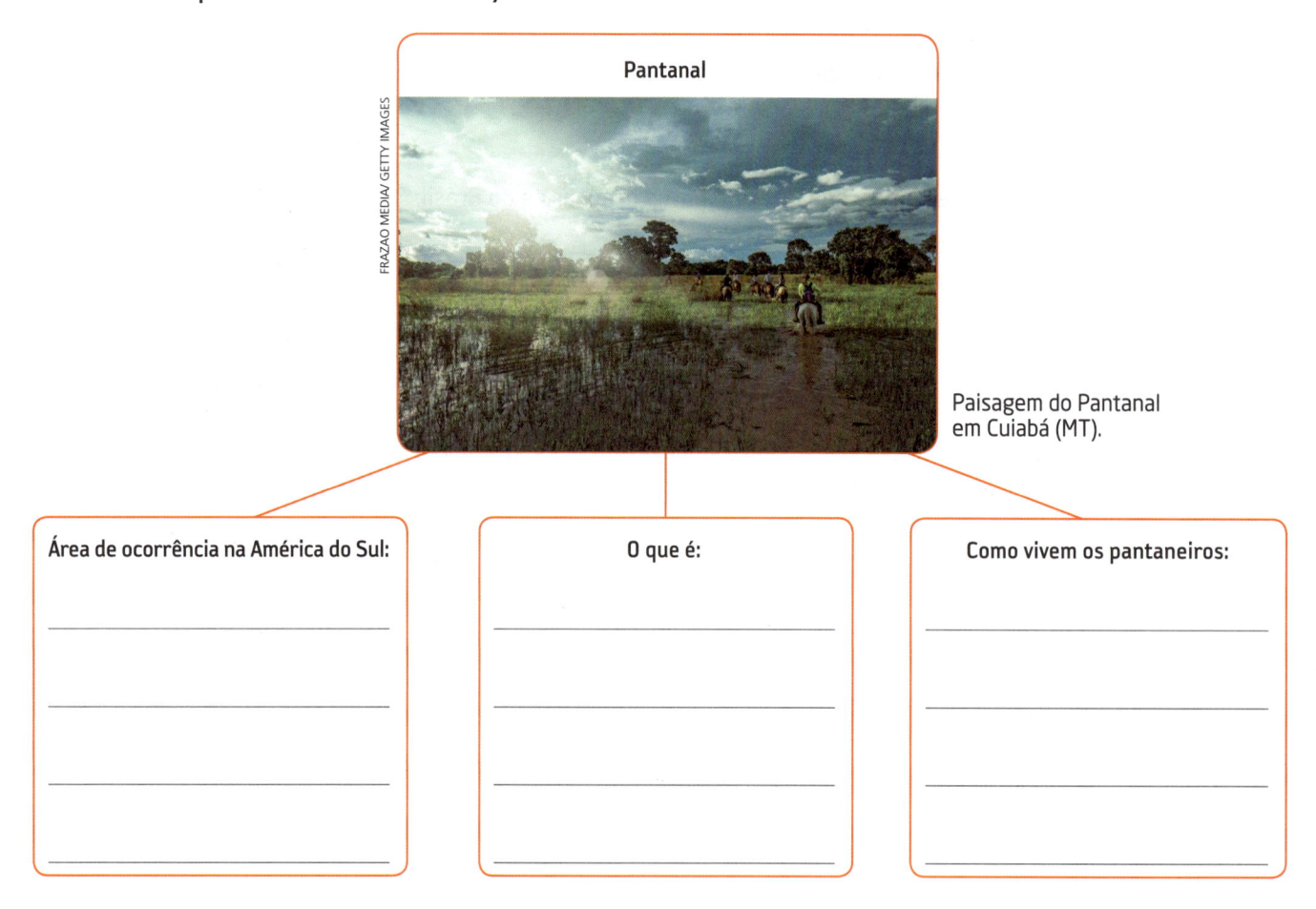

Pantanal

Paisagem do Pantanal em Cuiabá (MT).

Área de ocorrência na América do Sul:	O que é:	Como vivem os pantaneiros:
_____	_____	_____

21. Observe o mapa abaixo e responda às questões.

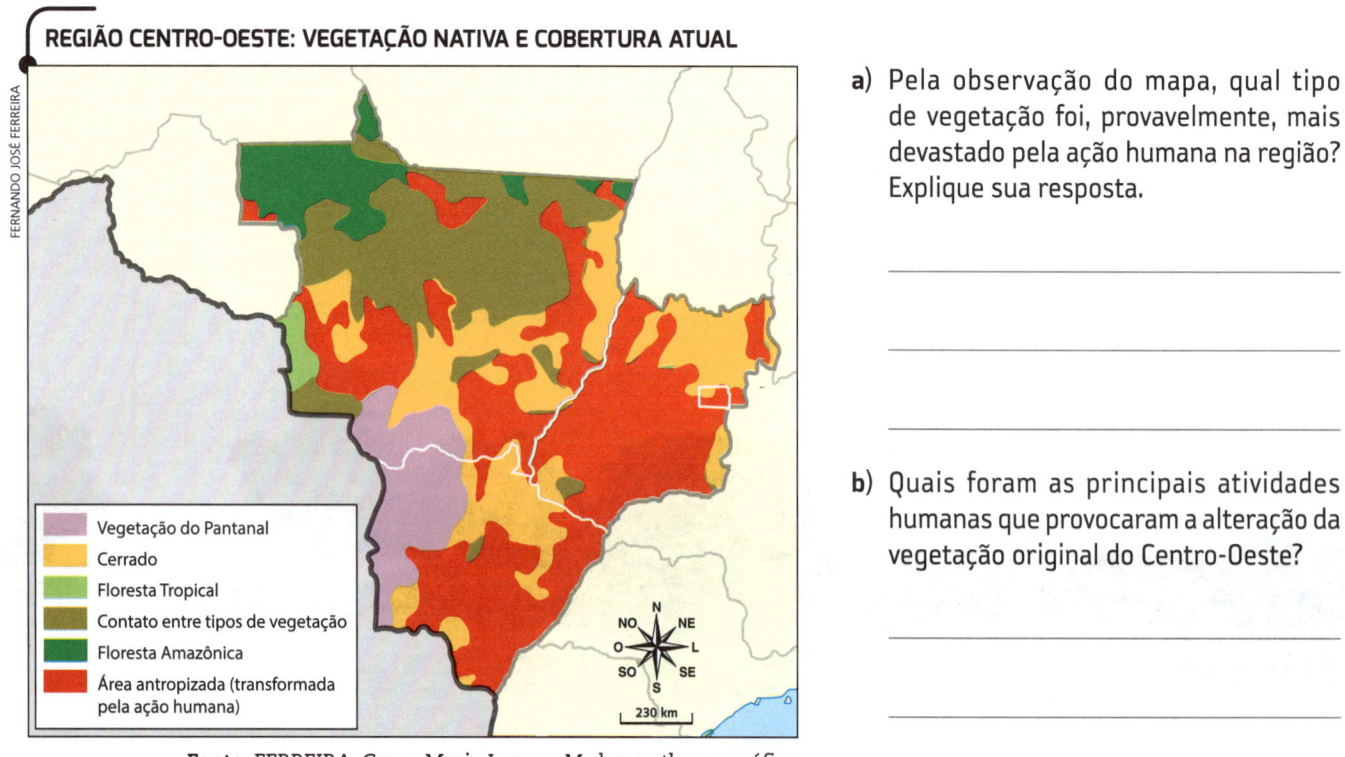

REGIÃO CENTRO-OESTE: VEGETAÇÃO NATIVA E COBERTURA ATUAL

Legenda:
- Vegetação do Pantanal
- Cerrado
- Floresta Tropical
- Contato entre tipos de vegetação
- Floresta Amazônica
- Área antropizada (transformada pela ação humana)

Fonte: FERREIRA, Graça Maria Lemos. *Moderno atlas geográfico*. São Paulo: Moderna, 2016. p. 58.

a) Pela observação do mapa, qual tipo de vegetação foi, provavelmente, mais devastado pela ação humana na região? Explique sua resposta.

_____

b) Quais foram as principais atividades humanas que provocaram a alteração da vegetação original do Centro-Oeste?

_____